汇编语言程序设计

（修订版）

周 明 编著

科学出版社

北 京

内 容 简 介

本书面向应用型人才培养，以突破传统的组织结构为创新点，以全程伴随上机训练为特色，以通俗易懂的语言讲解了汇编语言程序设计的相关知识。

本书内容包括汇编语言基本概念；8086 CPU 的逻辑结构和 CPU 对存储器的读写过程；8086 的寻址方式和指令系统；汇编语言编程技巧，包括堆栈、端口、中断及子程序；DOS 系统功能调用和 BIOS 中断调用；32 位汇编语言的相关基础知识和编程技巧。

本书可作为普通高等院校计算机及相关专业汇编语言课程的教材，也可作为非计算机专业本科生的通识教材。

图书在版编目(CIP)数据

汇编语言程序设计/周明编著. —北京：科学出版社，2016.12
ISBN 978-7-03-050705-1

Ⅰ.①汇⋯ Ⅱ.①周⋯ Ⅲ.①汇编语言-程序设计-高等学校-教材
Ⅳ.①TP313

中国版本图书馆 CIP 数据核字（2016）第 278346 号

责任编辑：戴薇 王惠 / 责任校对：刘玉靖
责任印制：吕春珉 / 封面设计：东方人华平面设计部

科学出版社 出版
北京东黄城根北街 16 号
邮政编码：100717
http://www.sciencep.com

北京中科印刷有限公司 印刷
科学出版社发行 各地新华书店经销

*

2016 年 12 月第 一 版　开本：787×1092　1/16
2023 年 8 月修 订 版　印张：14 3/4
2024 年 4 月第六次印刷　字数：335 000

定价：56.00 元

（如有印装质量问题，我社负责调换〈中科〉）
销售部电话 010-62136230　编辑部电话 010-62135397-2052

版权所有，侵权必究

前 言

　　教育是国之大计、党之大计。培养什么人、怎样培养人、为谁培养人是教育的根本问题。育人的根本在于立德。本书全面贯彻党的教育方针，落实立德树人根本任务，坚持为党育人、为国育才的原则，全面提高人才培养质量，培养德智体美劳全面发展的社会主义建设者和接班人。

　　随着计算机科学技术的日新月异，64位计算机对读者来说已不再陌生。那么，如何跟上信息时代的脚步，学好、用好汇编语言？这是人们一直在思考和讨论的问题。

　　汇编语言与其他高级语言不同，由于它的操作指令直接面向硬件，是最接近计算机运行机制的编程语言。使用汇编语言编程时，编程者能够深刻感知计算机的运行过程和原理，对计算机硬件和应用程序之间的联系产生清晰的认识，从而在头脑中形成一个软硬兼备的知识体系。汇编语言编程能够锻炼编程者充分利用硬件资源的能力，这是任何高级语言无法替代的。汇编语言指令集合简约，指令执行效率高，对于计算机科技领域的人才培养来说，它的重要性毋庸置疑。

　　本书内容共分三大部分：第一部分（第1~4章）主要讲解16位汇编语言的基础知识，包括汇编语言的基本概念，8086 CPU编程结构、存储系统、寻址方式、指令系统；第二部分（第5~7章）主要讲解汇编语言的程序设计、子程序设计、DOS系统功能调用和BIOS中断调用；第三部分（第8、9章）主要讲解32位汇编语言的基础知识和编程技巧。书中列举的所有实例都在编译器下测试运行通过，每章均附有习题和上机训练内容，以便读者及时巩固所学知识。在本书的编写过程中，充分考虑到读者在学习过程中经常遇到的难点问题，紧密结合计算机硬件工作原理来组织内容，让读者对抽象的汇编语言不再感到迷惑不解。

　　本书面向应用型人才的培养，内容安排由浅入深。读者可借助各章后的上机训练，实现理论和实践的互补学习，有效提高汇编语言的编程能力。学好汇编语言，能使编程者更加深入地理解、运用C语言，同时也为学习单片机、ARM嵌入式等应用技术打下坚实的基础。

　　吉林师范大学计算机学院王海燕、侯锟两位老师对第3~6章内容进行了材料搜集和加工整理，在此表示衷心的谢意。全书统稿工作由吉林师范大学计算机学院周明完成。

汇编语言程序设计

在本书的编写过程中，编者参考了许多汇编语言书籍、文献和网站的相关内容，在此对这些资料的作者表示衷心的感谢。

由于本书内容涉及的知识点多、范围广，加之编写时间仓促，难免存在不妥之处，敬请广大读者批评指正，并提出宝贵的改进意见和建议。

目 录

第1章 汇编语言基础 ·· 1
1.1 位、字节、字及字长的概念 ··· 1
1.2 机器语言 ··· 1
1.3 汇编语言的产生、发展及特点 ··· 2
1.4 Intel 系列 CPU 简介 ·· 4
习题 1 ··· 5
上机训练 1　调试工具 Debug 的常用命令 ·· 6

第2章 8086 CPU 和存储器 ··· 10
2.1 冯·诺依曼型计算机结构 ··· 10
2.1.1 冯·诺依曼型计算机的基本结构 ·· 10
2.1.2 三总线结构 ··· 11
2.2 8086 CPU 的逻辑结构 ·· 12
2.2.1 引脚及芯片 ··· 12
2.2.2 逻辑结构 ·· 14
2.3 8086 CPU 内部的寄存器 ··· 15
2.3.1 通用寄存器 ··· 15
2.3.2 段寄存器 ·· 17
2.3.3 控制寄存器 ··· 17
2.3.4 寄存器的常规使用方法简介 ·· 19
2.4 存储器 ··· 20
2.4.1 存储器的分类 ·· 20
2.4.2 存储单元 ·· 20
2.4.3 存储单元的内容与地址 ·· 21
2.4.4 8086 微机存储系统的地址空间分配 ·· 22
2.5 8086 CPU 物理地址的形成 ·· 23
2.5.1 段的概念 ·· 23
2.5.2 与地址相关的基本概念 ·· 24

  2.5.3 8086 CPU 物理地址形成机制 ·· 26
 2.6 8086 CPU 对存储器的读/写操作 ··· 26
 2.7 8086 CPU 如何完成内存字的读/写 ··· 28
 习题 2 ··· 29
 上机训练 2 用 Debug 实现简单程序段的调试 ··· 30

第 3 章 8086 系统的寻址方式 ·· 32

 3.1 寻址方式的概念 ··· 32
 3.2 寻址方式的分类 ··· 32
  3.2.1 立即寻址 ·· 33
  3.2.2 寄存器寻址 ·· 34
  3.2.3 直接寻址 ·· 35
  3.2.4 寄存器间接寻址 ··· 36
  3.2.5 寄存器相对寻址 ··· 37
  3.2.6 基址加变址寻址 ··· 38
  3.2.7 相对基址加变址寻址 ·· 39
 3.3 寻找转移地址的寻址方式 ·· 40
  3.3.1 段内直接寻址 ·· 40
  3.3.2 段内间接寻址 ·· 41
  3.3.3 段间直接寻址 ·· 42
  3.3.4 段间间接寻址 ·· 43
 习题 3 ··· 43
 上机训练 3 掌握 Debug 下各种寻址方式的使用方法 ······························· 45

第 4 章 8086 指令系统 ·· 46

 4.1 数据传送指令 ·· 46
  4.1.1 通用数据传送指令 ··· 46
  4.1.2 地址传送指令 ·· 51
  4.1.3 标志传送指令 ·· 52
  4.1.4 查表指令 ·· 53
 4.2 算术运算指令 ·· 53
  4.2.1 加法指令 ·· 54
  4.2.2 减法指令 ·· 55
  4.2.3 乘法指令 ·· 56
  4.2.4 除法指令 ·· 57

4.3	十进制调整指令	58
4.4	逻辑运算指令	60
4.5	移位指令	63
	4.5.1 逻辑移位指令	63
	4.5.2 算术移位指令	64
	4.5.3 循环移位指令	65
4.6	标志位操作指令	66
4.7	字符串操作指令	67
4.8	控制转移指令	70
	4.8.1 无条件转移指令	70
	4.8.2 条件转移指令	72
4.9	常用伪指令	75
习题 4		77
上机训练 4	在 Debug 下运行程序段	79

第5章 汇编语言程序设计 ... 80

5.1	汇编语言源程序的基本框架	80
	5.1.1 段的定义	80
	5.1.2 ASSUME 伪指令	81
	5.1.3 段寄存器的装入	82
5.2	汇编语言中的基本数据	84
	5.2.1 标识符	84
	5.2.2 常量、变量和标号	84
	5.2.3 运算符与表达式	85
5.3	基本结构程序设计	87
	5.3.1 顺序结构程序设计	88
	5.3.2 分支结构程序设计	92
	5.3.3 循环结构程序设计	102
5.4	数据块的传送	111
5.5	段超越前缀	114
5.6	堆栈操作程序	116
	5.6.1 堆栈的基本概念	116
	5.6.2 堆栈操作程序举例	120
5.7	端口操作程序	124
	5.7.1 端口的概念	124
	5.7.2 输入/输出指令	126

5.7.3　端口操作编程 ··· 127

5.8　用户中断服务程序 ··· 129
　　5.8.1　关于中断的相关概念 ··· 129
　　5.8.2　中断处理过程 ··· 132
　　5.8.3　用户中断服务程序的编写 ····································· 134

5.9　可执行文件与 PSP ··· 137
　　5.9.1　.exe 可执行程序与 PSP ······································· 137
　　5.9.2　.com 可执行程序与 PSP ······································ 140

习题 5 ·· 141

上机训练 5　对源程序进行汇编、连接与调试 ····························· 144

第 6 章　子程序设计 ··· 145

6.1　子程序的定义与应用条件 ·· 145
　　6.1.1　子程序的定义 ··· 145
　　6.1.2　子程序的应用条件 ··· 145

6.2　子程序的调用和返回指令 ·· 146
　　6.2.1　子程序的调用指令 ··· 146
　　6.2.2　子程序的返回指令 ··· 147

6.3　子程序的结构 ·· 147

6.4　子程序的参数传递 ·· 150
　　6.4.1　寄存器传递参数 ··· 151
　　6.4.2　存储器传递参数 ··· 153
　　6.4.3　堆栈传递参数 ··· 154

6.5　子程序的嵌套与递归调用 ·· 161
　　6.5.1　子程序的嵌套调用 ··· 161
　　6.5.2　子程序的递归调用 ··· 163

6.6　模块化程序设计 ·· 164

习题 6 ·· 166

上机训练 6　子程序的编写、编译及调试 ································· 167

第 7 章　DOS 系统功能调用和 BIOS 中断调用 ·························· 168

7.1　DOS 系统功能调用说明 ·· 168
7.2　DOS 系统功能调用方法 ·· 169
7.3　BIOS 中断调用说明 ··· 173
7.4　BIOS 中断调用举例 ··· 174
　　7.4.1　INT 10H 中断调用举例 ······································· 174

7.4.2　BIOS 其他类型中断调用举例 ································· 177
　习题 7 ··· 179
　上机训练 7　使用 BIOS 中断调用实现屏幕控制输出 ··············· 179

第 8 章　80386 汇编语言程序设计基础 ································· 180

8.1　80386 CPU 的逻辑结构及引脚 ······································· 180
8.2　80386 CPU 中的寄存器 ·· 182
8.3　80386 系统的寻址方式 ··· 187
　　　8.3.1　寻址方式 ··· 188
　　　8.3.2　实模式下编程 ··· 189
8.4　80386 新增指令 ·· 190
8.5　保护模式概述 ··· 193
8.6　80386 保护模式下物理地址形成机制 ······························· 194
　　　8.6.1　选择子与描述符 ·· 195
　　　8.6.2　线性地址的形成 ·· 197
　　　8.6.3　物理地址的形成 ·· 198
8.7　中断和异常处理 ··· 200
　习题 8 ··· 203
　上机训练 8　建立 Windows 环境下 32 位汇编语言的集成开发环境 ··· 206

第 9 章　80386 保护模式下的程序设计 ································· 209

9.1　一个简单的编程实例 ··· 209
9.2　Win32 API 概述 ··· 210
9.3　常用简化段定义伪指令 ·· 211
9.4　Win32 汇编语言程序结构 ··· 213
9.5　结果输出程序举例 ·· 214
9.6　控制台输出 ··· 216
9.7　控制台输入 ··· 219
　习题 9 ··· 222
　上机训练 9　利用 MASM32 集成开发工具编写 32 位汇编语言程序 ··· 223

参考文献 ··· 224

第1章 汇编语言基础

汇编语言程序的执行直接面向计算机硬件,通过学习、使用汇编语言编程,能够深刻感知指令执行机制和程序运行的具体过程,从而对计算机硬件和程序之间的交互作用形成一个清晰的认识。

本章主要阐述汇编语言的产生、发展历程,使读者能够体会到学习汇编语言程序设计的重要性。

1.1 位、字节、字及字长的概念

位(bit)是计算机存储和处理信息的最基本单位。位值用二进制数码1或0表示,它是以电路元器件所记忆电平的高(1)低(0)来区分的。

字节(byte)是CPU读写内存储器或外设的基本单位,由连续的8个二进制位组成。

在计算机中,一串与寄存器宽度一致的数码常作为一个整体来进行传送或处理,这串数码称为计算机的一个字,简称字(word)。字通常由若干个字节组成,例如,16位8086计算机的一个字含有2个字节。在计算机寄存器、运算器和控制器之间,通常以字为单位进行信息传送。

字所包含的二进制位数称为字长。16位、32位和64位计算机的字长分别为16位、32位和64位。

1.2 机器语言

学习汇编语言,首先要了解机器语言。机器语言是特定CPU所能执行机器指令的集合,而机器指令是指计算机能够直接识别、执行的二进制命令。

机器指令由"1"和"0"两种数码组成,能够被计算机CPU从存储器中读取并加以分析、执行。其中,数字"1""0"分别是物理高、低电平的逻辑表征。

来看两条Intel 8086 CPU的机器指令:

```
10110000 00000100
10111000 00000011 00000010
```

这两条指令都是由"1"和"0"组成,但指令的字节长度却不一致,第一条指令是2字节指令,第二条指令是3字节指令。这种形式的指令,读、写与记忆都很不方便。

机器语言是唯一能被计算机CPU直接识别与执行的语言,与其他高级语言相比,机器语言具有直接执行、执行效率高等优点。

用机器语言编写程序，编程人员首先要熟记所用计算机的二进制指令代码，并要求处理每条指令和每个数据的存储分配和输入/输出，还要记忆所用工作单元所处的状态，这是一件十分烦琐的工作，出错在所难免。

1.3 汇编语言的产生、发展及特点

用机器语言编写程序的过程过于复杂，所编程序的读写也很困难，于是汇编语言应运而生。最早的汇编语言应用可追溯到20世纪50年代初。

汇编语言是一种介于高级语言与机器语言之间，直接以处理器指令系统为编程基础的低级语言。汇编语言采用比较容易识别、记忆的英文助记符来表示指令的操作码部分，采用标识符来表示指令的操作数部分。

1.2 节中的两条机器指令所对应的汇编语言指令分别为

```
MOV AL,04H
MOV AX,0203H
```

对于 MOV AL,04H 指令来说，MOV 是指令助记符，代表指令的操作码部分，作用是传送数据；AL 是目的操作数，它是一个寄存器的名称，代表数据传送的目的地；04H 是源操作数，是用十六进制表示的立即数，代表传送数据的来源。

很显然，机器指令转变成汇编语言指令就很容易读写与记忆了。

采用汇编指令编写的汇编语言源程序，必须先经过汇编器（汇编程序）生成目标代码，再经过连接器（连接程序）生成可执行代码后，方可在操作系统下运行。图 1.1 描述了采用汇编语言编程的具体过程。

图 1.1 汇编语言编程过程

汇编程序：把汇编语言源程序翻译成机器代码的程序。在 DOS 操作系统平台下，汇编程序可采用汇编 ASM.EXE、宏汇编 MASM.EXE 及 TASM 等。一般使用宏汇编 MASM.EXE 来汇编源程序，因为它比 ASM.EXE 功能更强大，能够实现宏的汇编。TASM 适用于采用 Intel 8086 至 Pentium 系列指令系统所编写源程序的汇编，也是比较先进的汇编工具。

连接程序：将机器代码程序连接成可执行文件的程序。对应汇编程序，连接程序有 LINK.EXE 和 TLINK 等。

1. 汇编语言的特点

汇编语言的一个重要特点，就是它所操作的对象不是具体的数据，而是寄存器或存储器单元。也就是说，它直接与寄存器、存储器打交道。正因为汇编语言具备"机器相关性"，程序员用它编写程序时，可充分利用机器内部的各种资源，并使其始终处于最佳的工作状态。采用汇编语言编写的程序执行代码短、执行速度快。但是，不同类型的CPU有各自的机器指令系统，体现为不同形式的汇编语言。除了同系列、不同型号CPU之间的汇编语言程序有一定程度的可移植性之外，不同类型（如单片机和PC）CPU之间的汇编语言程序是无法移植的。所以，汇编语言程序的通用性和可移植性要比高级语言低。

归纳起来，汇编语言的总体特点有以下几个方面。

（1）机器相关性

汇编语言是面向机器（CPU）的低级语言，通常是为特定的计算机或系列计算机专门设计的。不同的机器有不同的汇编语言指令集，使用汇编语言编程能够充分发挥机器特性。

（2）高速度和高效率

汇编语言保持了机器语言的优点，具有直接和简洁的特点，可高效地访问、控制计算机的各种硬件设备，如磁盘、存储器、CPU、I/O端口等，且占用内存少，执行速度快。因而，汇编语言是一种高效的程序设计语言。

（3）编程、调试的复杂性

由于汇编语言直接控制硬件，简单的任务实现会需要很多条汇编语言指令来完成，需要编程人员考虑到一切可能的软、硬件资源使用问题。若较为复杂的汇编应用程序出现问题，则不易调试。

2. 为什么要学习汇编语言

首先，通过学习、使用汇编语言，能够感知计算机程序的运行过程和运行原理，从而对计算机硬件与应用程序之间的联系和交互形成一个清晰的认识，锻炼自身的编程逻辑思维能力，掌握解决复杂问题的手段和技巧。只有对软、硬件知识融会贯通之后，才可能编写出质量较好的计算机加密、解密、病毒分析与防治、程序调试等程序。

其次，汇编语言是学习高级语言的基础，它能让人更好地理解高级语言。以C语言为例，最令人头疼的就是指针，指针指的是内存的地址，而汇编语言恰恰以讲解地址的形成和使用方法为重点。另外，对于C语言中的数据类型、形参、实参、函数调用、全局变量、局部变量等概念及操作，都与汇编语言中的操作直接关联。因此，只有学好汇编语言，才能更深入地理解和运用高级语言。请大家记住一句话：不懂汇编语言，永远不能成为一流程序员。

目前，ARM、PIC、DSP等智能芯片的应用越来越广泛，它们都是采用汇编语言来编写底层设备驱动程序和实时性好的应用程序。8086 汇编语言非常具有代表性，学好之后，就掌握了软件编程的灵魂，也会对各种智能芯片的汇编语言不再陌生。

3. 如何学好汇编语言

要学好汇编语言，应从 16 位计算机的汇编语言入手，循序渐进，逐步过渡到 16 位、32 位汇编语言的混合编程。

由于汇编语言是面向机器的语言，在学习汇编语言的过程中，必须要了解与掌握 CPU 逻辑结构、寄存器常规使用方法、寻址方式、常用指令、数据的存储方式及常规编程方法。

汇编语言的实践性非常强，只有边学习边动手实践才能掌握其知识要领，切忌死记硬背。

1.4 Intel 系列 CPU 简介

1971 年，美国 Intel 公司推出了世界上第一款微处理器芯片，型号为 4004。该芯片内部集成了 2300 个晶体管，主频为 108 kHz，4 位数据操作。

1978 年，Intel 公司又首次推出 16 位的微处理器，命名为 i8086，同时推出与之相配合的数字协处理器 i8087。这两种芯片使用相互兼容的指令集，人们将此指令集统一称为 x86 指令集，该指令集属于复杂指令集（CISC）。i8086 具有 16 位数据通道，内存寻址能力达 1 MB，最高工作频率为 8 MHz。

1979 年，8088 芯片推出，它是第一块成功用于个人计算机的 CPU 芯片。8088 仍旧属于 16 位微处理器，内含 29 000 个晶体管，时钟频率为 4.77 MHz，地址总线为 20 位，内存寻址范围为 1 MB。8088 的内部数据总线为 16 位，外部数据总线为 8 位，这样做的目的是方便兼容以前的 8 位计算机主板。

1982 年，80286 芯片推出，它与 8086 和 8088 相比有了飞跃性的发展，虽然它仍旧是 16 位结构，但其内部集成了 13.4 万个晶体管，时钟频率由最初的 6 MHz 逐步提高到 20 MHz。80286 的内部和外部数据总线皆为 16 位，地址总线 24 位，可寻址达 16 MB 内存，是应用比较广泛的一款 CPU。IBM 公司则采用 80286 芯片推出 AT 机，在当时引起了世界轰动。

1985 年，80386 芯片推出，它是 x86 系列中第一款 32 位微处理器，而且制造工艺也有了很大的进步。80386 内含 27.5 万个晶体管，时钟频率从 12.5 MHz 提高到 33 MHz。80386 的内部和外部数据总线都是 32 位，地址总线也是 32 位，可寻址高达 4 GB 内存，可以使用 Windows 操作系统。

1989 年，80486 芯片推出，它的特殊意义在于，首次突破了 100 万个晶体管的集成界限，内含 120 万个晶体管。80486 将 80386、数字协处理器 80387 及一个 8 KB 的高速缓存集成在一个 CPU 芯片内，并且在 x86 架构中首次采用了精简指令集（RISC）技术，可以在一个时钟周期内执行一条指令。80486 采用了突发总线（burst）方式，大大提高了 CPU 与内存数据交换的速度，主频高达 100 MHz。

1993 年，Intel 推出 Pentium CPU，它是 x86 架构的第五代微处理器。Pentium 本应命名为 80586 或 i586，最终命名为 Pentium，是因为阿拉伯数字无法用于注册商标。Pentium CPU 内部集成晶体管数目高达 310 万个，时钟频率由最初推出的 60 MHz 和 66 MHz，后提高到 200 MHz。100 MHz 的 Pentium 处理器比 33 MHz 的 80486DX 要快 6～8 倍。

后来，Pentium 处理器经历了奔腾、奔腾Ⅱ、奔腾Ⅲ、奔腾 4 等 32 位时代，并走向 64 位时代。Intel 公司推出的安腾 64 位微处理器成为计算机领域的又一里程碑。基于 IA-64（IA 即 Intel Architecture 的简写）架构的处理器具有 64 位运算能力、64 位寻址空间、64 位数据通路及 3 GHz 的主频，突破了传统 IA-32 架构的许多限制，在数据的处理能力，系统的稳定性、安全性、可用性等方面获得了突破性的提高。

注意：80386 CPU 的工作模式有 3 种，分别为实模式、保护模式和虚拟 8086 模式。

在系统复位（reset）或上电（power on）时，CPU 以实模式方式启动。在实模式下，80386 以上 CPU 的内存寻址方式与 8086 相同，由 16 位段寄存器的内容乘以 16（10H）作为段基地址，再加上 16 位偏移地址，形成 20 位的物理地址，最大内存寻址空间 1 MB，最多内存分段数为 64 KB。此时，32 位的 x86 CPU 用作高速的 8086。

在 Windows 操作系统控制下，80386 CPU 工作于保护模式。保护模式的内存寻址采用 32 位段地址和偏移量，最大寻址空间为 4 GB，最大内存分段数 4 GB。

在保护模式下，CPU 可以进入虚拟 8086 模式。虚拟 8086 模式是在保护模式下实模式应用程序的运行环境，它的设置目的是保持与 8086 的兼容性，使 16 位的 DOS 程序可以在 80386 的保护模式下工作。虚拟 8086 模式实际上就是保护模式下的一项进程，并且受监控程序的监控。

习 题 1

填空题

1. 一个字节是相邻的_____个二进制位。
2. 能被计算机直接识别的语言是_____。
3. 一般地，物理高电平代表二进制数值_____，而低电平代表数值_____。
4. $(100011000)_2$=_____$_{16}$
5. $(AE)_{16}$=_____$_2$
6. 为了解决实际问题，用汇编语言所编写的程序被称为_____。
7. 8086 CPU 中内部数据线宽度是 16 位，那么，它的字长是_____位。

8. 汇编语言源程序必须先经过_____生成目标代码，再经过_____生成可执行代码后，方可在操作系统下运行。

9. 与8086 CPU配合使用的数字协处理器芯片是_____。

10. 计算机开机时以_____模式启动。

上机训练1　调试工具Debug的常用命令

一、训练目的

熟悉常用的Debug命令及使用方法，为程序调试打好基础。

二、训练内容

1. 进入Debug。

在Windows 7下，进入Debug调试工具的方法有两种。一种方法是，直接在"开始"菜单搜索框中输入"debug"命令后按【Enter】键；另一种方法是，先在搜索框中输入"cmd"按【Enter】键，再在命令提示符窗口的光标处输入"debug"命令。Debug界面如图1.2所示，Debug的命令提示符为"-"。

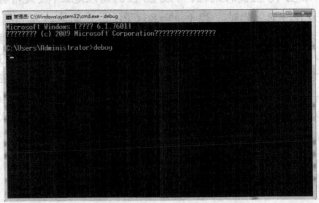

图1.2　Debug调试工具界面

此时，就可以在闪动光标处输入Debug命令了。

在光标处输入具有显示和修改寄存器内容功能的"R"命令，就可以看到CPU内部寄存器的存储内容，如图1.3所示。

图1.3　Debug的R命令

各寄存器的名称及使用方法将在下一章讲述。下面先来介绍寄存器中的内容，这些内容都是用十六进制数表示的。在 Debug 中，不论是寄存器的内容还是存储器的内容，都是以十六进制形式表示的。

观察各寄存器的值，要注意以下两方面内容。

① 各段寄存器初始值相等，CS=DS=ES=SS，说明 Debug 不带程序调试时，代码段、数据段、堆栈段和附加段为同一个内存中可用的段。

② 在不同计算机上，由于运行环境存在差异，这个相等的值并不相同。

2．Debug 常用命令及使用方法。

Debug 命令都是以一个不区分大小写的字母来表示的，后面可跟一个或多个参数，也可以使用默认参数。输入每条命令后要按【Enter】键才被执行。

下面列出常用的 Debug 命令及其格式，读者要边上机操作边熟悉各命令的使用方法。

（1）查看或修改寄存器内容命令 R。

命令格式：R[寄存器名]

命令功能：不带参数，显示寄存器内容；带参数，则修改指定寄存器内容。例如，R AX 命令的执行结果如图 1.4 所示。

```
C:\>DEBUG
-R
AX=0000  BX=0000  CX=0000  DX=0000  SP=FFEE  BP=0000  SI=0000  DI=0000
DS=139C  ES=139C  SS=139C  CS=139C  IP=0100   NV UP EI PL NZ NA PO NC
139C:0100 0000          ADD     [BX+SI],AL                         DS:0000=CD
-R AX
AX 0000
:66
-R
AX=0066  BX=0000  CX=0000  DX=0000  SP=FFEE  BP=0000  SI=0000  DI=0000
DS=139C  ES=139C  SS=139C  CS=139C  IP=0100   NV UP EI PL NZ NA PO NC
139C:0100 0000          ADD     [BX+SI],AL                         DS:0000=CD
-
```

图 1.4　R AX 命令的执行结果

（2）显示内存单元内容命令 D。

命令格式：D ［地址］ 或 D ［范围］

命令功能：不带参数，显示当前段中从偏移地址 0100H 开始的 128 个字节单元内容。D 命令的执行结果如图 1.5 所示。

```
-R
AX=0000  BX=0000  CX=0000  DX=0000  SP=FFEE  BP=0000  SI=0000  DI=0000
DS=139C  ES=139C  SS=139C  CS=139C  IP=0100   NV UP EI PL NZ NA PO NC
139C:0100 0000          ADD     [BX+SI],AL                         DS:0000=CD
-D
139C:0100  00 00 00 00 00 00 00 00-00 00 00 00 00 00 00 00   ................
139C:0110  00 00 00 00 00 00 00 00-00 00 00 34 00 8B 13      ............4...
139C:0120  00 00 00 00 00 00 00 00-00 00 00 00 00 00 00 00   ................
139C:0130  00 00 00 00 00 00 00 00-00 00 00 00 00 00 00 00   ................
139C:0140  00 00 00 00 00 00 00 00-00 00 00 00 00 00 00 00   ................
139C:0150  00 00 00 00 00 00 00 00-00 00 00 00 00 00 00 00   ................
139C:0160  00 00 00 00 00 00 00 00-00 00 00 00 00 00 00 00   ................
139C:0170  00 00 00 00 00 00 00 00-00 00 00 00 00 00 00 00   ................
-
```

图 1.5　D 命令的执行结果

D 命令可带参数。例如：

D DS:200 命令是显示指定段中从偏移地址开始的 128 个字节单元内容。

D DS:200 20F 命令是显示指定段中偏移地址范围内的单元内容。该命令的执行结果如图 1.6 所示。

图 1.6　D DS:200 20F 命令的执行结果

（3）修改内存单元内容命令 E。

命令格式：E 地址 [内容表]

命令功能：显示并修改指定段中由偏移地址开始的一个或多个单元内容，直到按【Enter】键为止。例如，E DS:200 命令的执行结果如图 1.7 所示。

图 1.7　E DS:200 命令的执行结果

E DS:200 11 22 33 44 命令是将内容表中的内容替换指定段中从偏移地址开始的对应单元内容。该命令的执行结果如图 1.8 所示。

图 1.8　E DS:200 11 22 33 44 命令的执行结果

（4）汇编命令 A。

命令格式：A [地址]

命令功能：从代码段中指定偏移地址处输入汇编语言指令，并将指令汇编成的指令代码从指定地址开始存放。如果省略参数，则第一次输入指令的机器码从代码段偏移地址 0100H 处开始存放。按【Enter】键能够结束汇编状态。A 100 命令的执行结果如图 1.9 所示。

图 1.9　A 100 命令的执行结果

（5）反汇编命令 U。

命令格式：U [地址]　或　U [范围]

命令功能：从指定地址开始，将主存 32 个字节范围内的机器指令反汇编成汇编语言指令，或将指定地址范围内的机器指令进行反汇编。如果该命令不带参数，则接着上一个 U 命令进行反汇编。若是第一次使用该命令，则从 CS:IP 处开始反汇编。U 命令的执行结果如图 1.10 所示。

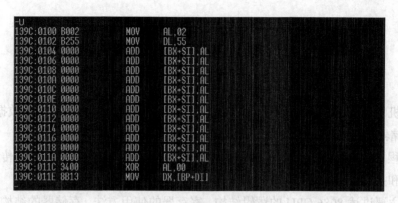

图 1.10 U 命令的执行结果

（6）单步执行命令 T。

命令格式：T[=地址] [N]

命令功能：从指定地址执行一条指令后停下来，并显示各寄存器内容。若未指定地址，则单步执行 CS:IP 所指示的第一条指令。参数 N 用于指定要执行的指令条数。

（7）运行命令 G。

命令格式：G[=起始地址] [断点地址]

命令功能：从指定地址处开始运行程序，若遇断点则停止。若没有设置断点，则遇到程序结束指令时停止执行。

（8）退出 Debug 命令 Q。

命令格式：Q

命令功能：退出 Debug，返回到操作系统。

（9）指定文件命令 N。

命令格式：N [文件路径] 文件名称

命令功能：为读/写操作指定文件。该命令要求在 L 命令之前使用。

（10）读文件命令 L。

命令格式：L

命令功能：将由命令 N 指定的文件读入内存。

第2章 8086 CPU 和存储器

计算机的运行离不开 CPU 和存储器。CPU 是整个计算机系统控制和数据处理的中心，而存储器是程序和数据的"仓库"，是程序和数据的载体。当 CPU 运行一个程序时，首先要将程序载入内存，然后从内存中逐条取出程序指令，通过数据总线传送到 CPU 内部分析和执行，直至完成整个程序任务。

本章主要讲述 8086 CPU 的逻辑结构、寄存器的使用方法、存储器的结构及 CPU 对存储器的操作等内容，这些内容都是学习汇编语言的重点和难点。只有掌握上述重要知识点，才能对汇编语言中的关键概念——地址，产生一个清晰的认识。

2.1 冯·诺依曼型计算机结构

2.1.1 冯·诺依曼型计算机的基本结构

美籍匈牙利数学家冯·诺依曼于 1945 年提出了电子计算机存储程序原理，把程序本身当作数据来对待，即程序与其处理的数据用同样的方式存储在相同的存储器中。该计算机模型由 5 个部分组成，各部分的功能及联系如图 2.1 所示，人们把此种计算机体系称为冯·诺依曼体系结构。冯·诺依曼体系结构理论的要点是：计算机数制采用二进制；存储程序并顺序执行。

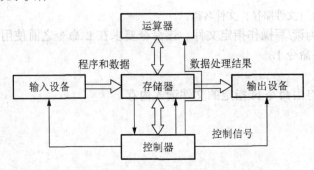

图 2.1 冯·诺依曼型计算机体系结构

下面介绍冯·诺依曼体系结构中五大基本组成部件的功能。

① 运算器：用于完成各种算术运算、逻辑运算和数据传送。

② 控制器：用于控制程序的执行，是计算机的大脑。运算器和控制器组成计算机的中央处理器（CPU）。控制器根据存放在存储器中的指令序列进行工作，并由一个程

序计数器控制指令的执行顺序。

③ 存储器：用于记忆程序和数据。程序和数据以二进制代码形式不加区别地存放在存储器中，存放位置由地址确定。

④ 输入设备：用于将数据或程序输入计算机。

⑤ 输出设备：将数据处理结果展示给用户。

当代计算机虽然在制造技术上发生了巨大变化，但仍然采用冯·诺依曼体系结构。

2.1.2 三总线结构

从总体结构来说，当代计算机系统包括 3 部分，分别为 CPU、内部存储器和外部设备，它们之间依靠系统总线传送信息。计算机主板上的系统总线包括地址总线、数据总线和控制总线共 3 类，因此，将系统总线结构简称为三总线结构。图 2.2 展示了计算机系统通过三总线连接的情况。

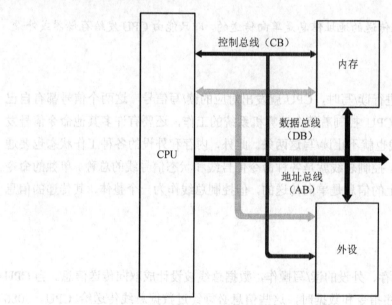

图 2.2　三总线结构

可以把一个内存单元想象为一间教室，内存单元所存储的内容相当于教室中的学生，而教室门的钥匙就相当于内存单元的地址。如果大家想要进出教室，应满足什么条件呢？条件就是教室的门应该是打开着的。这就像 CPU 想读/写内存单元所存储的内容一样，必须首先发出地址信息，把内存单元的"门"打开。理解了这一点，就能非常容易地理解三总线的作用。

1. 地址总线

地址总线上传送的并行二进制地址信息是由 CPU 发出的,是单向传送,即由 CPU 将地址信息发给内存或外设。地址信息传送到目的地后,负责打开内存单元的"门",这样内存单元中存储的内容才可以被 CPU 读或写。

CPU 能找到多少个内存单元呢?这与 CPU 地址线直接相关。例如,CPU 有 10 条地址线,那么 CPU 发出的地址信息可从"00 0000 0000"依次加 1 变化到"11 1111 1111",共计有 2^{10} 种地址信息。每个地址信息只能打开唯一内存单元的"门",10 条地址线上传送的地址信息共能打开 1024 个内存单元的"门",也就是说 CPU 的寻址空间为 1024 个,即 1 KB。推而广之,如果 CPU 有 N 条地址线,CPU 的寻址空间就是 2^N。8086 系统中的地址总线宽度为 20,也就是说地址总线中含 20 条地址线,它的寻址能力就是 2^{20}=1 MB。

注意:地址总线上传送的地址信息是单向传送的,即只能由 CPU 发给存储器或外设。

2. 控制总线

在对内存、外设进行读/写时,CPU 就发出对应的读/写信号,这两个信号都有自己专门的信号线。由于 CPU 控制着整个计算机系统的工作,还要有许多其他命令信号发出,因此,命令信号线也就不止读/写这两条。此外,内存和外设的各种工作状态也要通过状态线反馈给 CPU。控制总线就是各种命令信号线和状态信号线的总称。单独的命令信号线或状态信号线上的信息是单向传送的,但控制总线作为一个整体,其传递的信息是双向的。

3. 数据总线

为配合 CPU 对内存、外设的读/写操作,数据总线被设计成双向传送信息。当 CPU 读入内存中存储的程序指令和数据时,这些信息必须经过数据总线传送给 CPU。8086 系统数据总线的条数为 16,因此,CPU 读/写一次就可完成 16 位二进制信息的并行传送。

思考:在计算机系统中,数据总线的条数总是被设计成 8 的整数倍,这是为什么?

2.2 8086 CPU 的逻辑结构

2.2.1 引脚及芯片

8086 CPU 的寄存器、内部数据总线及外部数据总线都是 16 位,其引脚及芯片外观如图 2.3 所示。

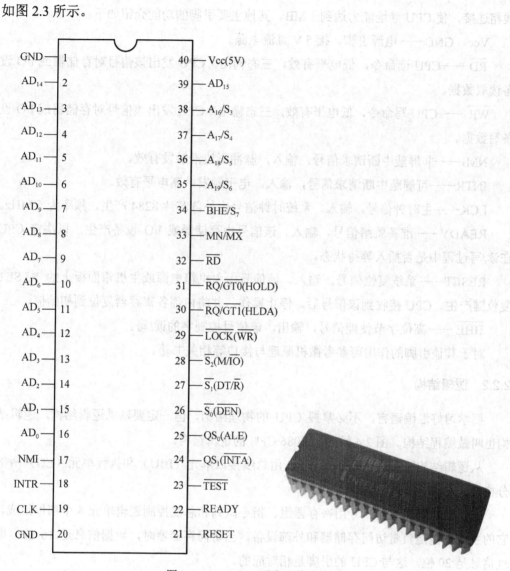

图 2.3　8086 CPU 引脚及芯片外观

因为封装技术限制的原因，8086 CPU 引脚数目只有 40 个，使用 5 V 直流电源。8086 CPU 引脚起到连接 CPU 芯片内部总线和主板上系统总线的作用，并在 CPU 与存储器、CPU 与 I/O 设备间传送各种数据信息，其中包括地址、数据和控制信息。在这 40 个引脚中，AD_0～AD_{15} 这 16 个引脚分别与主板上的 16 条数据线（编号也是 AD_0～AD_{15}）相连接，传送 16 位数据。AD_0～AD_{15} 这 16 个引脚又作为地址/数据复用引脚，即能够分时传送地址或数据。它们与 A_{16}～A_{19} 组成共计 20 个地址引脚，分别与 20 位宽的地址总线相连接，使 CPU 寻址能力达到 1 MB。其他主要引脚的功能介绍如下：

Vcc、GND——电源引脚，接 5 V 直流电源。

$\overline{RD}$——CPU 读命令，低电平有效，三态输出。CPU 发出该信号对存储器或 I/O 设备读取数据。

$\overline{WR}$——CPU 写命令，低电平有效，三态输出。CPU 发出该信号对存储器或 I/O 设备写数据。

NMI——非屏蔽中断请求信号，输入，脉冲正边沿触发有效。

INTR——可屏蔽中断请求信号，输入，电平触发，高电平有效。

LCK——主时钟信号，输入。系统时钟信号由外部芯片 8284 产生，频率为 5 MHz。

READY——准备就绪信号，输入。该信号由存储器或 I/O 设备产生，以决定 CPU 在读/写过程中是否插入等待状态。

RESET——系统复位信号，输入。该信号由主机箱电源或主机箱面板上的 RESET 复位键产生。CPU 接收到该信号后，停止操作，并将内部各寄存器复位到初始值。

$\overline{BHE}$——高位字节使能信号，输出。该信号控制字的读/写。

对于其他引脚的作用可参考微机原理与接口等相关书籍。

2.2.2 逻辑结构

要学习好汇编语言，不必掌握 CPU 的物理结构，但一定要熟悉逻辑结构，逻辑结构也叫做编程结构。图 2.4 给出了 8086 CPU 的逻辑结构。

从逻辑结构可以看到，8086 CPU 由总线接口单元（BIU）和执行单元（EU）两部分构成。

BIU 由地址加法器、专用寄存器组、指令队列和总线控制逻辑单元 4 个部件组成。它的主要功能是负责访问存储器和外部设备。当访问存储器时，数据信息是 16 位，地址信息是 20 位，这与 CPU 的引脚是相对应的。

EU 主要由通用寄存器组和算术逻辑单元（ALU）、暂存器、标志寄存器、EU 控制器组成。EU 的功能是执行指令。大多数情况下，指令是按照 CPU 读入的先后次序顺序执行的。通常，在执行一条指令之前，BIU 已经将这条指令从存储器中读出，并存入在 CPU 内部的指令队列。EU 从指令队列中取得指令代码，直接执行该指令而省去取指令的时间。指令的这种执行方式称为指令流水线。

第 2 章　8086 CPU 和存储器

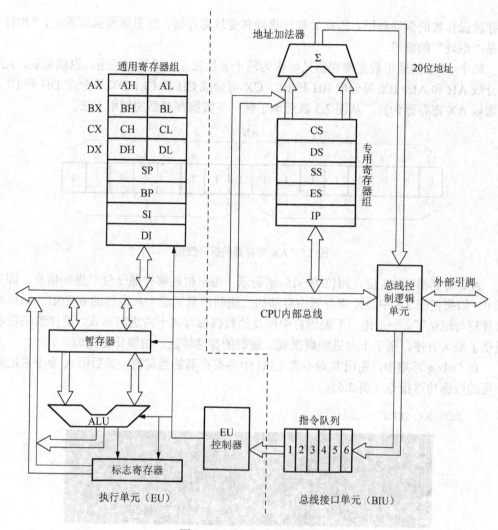

图 2.4　8086 CPU 逻辑结构

2.3　8086 CPU 内部的寄存器

寄存器是中央处理器的重要组成部分，工作速度也最快。在 CPU 中，寄存器可用来暂存指令、数据和地址。

2.3.1　通用寄存器

所谓"通用"，就是既能存放数据又能存放地址。从图 2.4 中可见，8086 CPU 执行单元中有 8 个 16 位通用寄存器，它们被分成两组：一组由 AX、BX、CX、DX 构成，常用来存放 16 位的数据，称作通用数据寄存器；另一组由 SP、BP、SI、DI 构成，常用来存放操作数的偏移地址，因此又称作指针和变址寄存器。这里需要强调的是，"指针"就是"地址"的意思。

每个 16 位的通用数据寄存器又可作为两个 8 位独立寄存器来使用，也就是说，AX 可分成 AH 和 AL，BX 可分成 BH 和 BL，CX 可分成 CH 和 CL，DX 可分成 DH 和 DL。下面以 AX 寄存器为例，从图 2.5 直观地了解一下数据寄存器的使用方法。

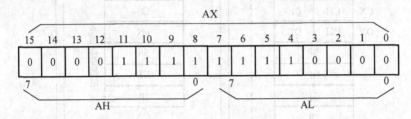

图 2.5　AX 寄存器的拆分使用

AX 寄存器有 16 位，用位 0~15 来表示。每一位能够存储一位二进制信息，即 1 或 0。如果把图 2.5 中 AX 寄存器中存储的二进制信息写成十六进制的 0FF0H，就很容易读写与记忆了。一般地，汇编语言中涉及的数据都写成十六进制形式，这样给编程者提供了很大方便。至于十六进制数据到二进制的存储转换，由编译器完成。

在 Debug 环境中，先用 R 命令看 CPU 中各寄存器的当前值，然后用 A 命令来汇编下面的数据传送指令（图 2.6）：

```
MOV AX,0FF0
```

图 2.6　Debug 环境下寄存器数据传送

退出 A 命令回到 Debug 提示符下，再用 T 命令跟踪执行 MOV 指令。从图 2.6 中可见，AX 寄存器中存储的数据变成 0FF0，这就是我们想要的指令执行结果。

AX 寄存器可拆分成的两个 8 位寄存器 AH、AL，分别用位 0~7 来表示。

下面来看看 AH 和 AL 独立使用时的情况。在 Debug 下，连续汇编以下两条指令。

```
MOV AX,0FF0
MOV AH,AL
```

两条指令的执行结果如图 2.7 所示，AL 中的存储内容 F0 替代了 AH 中原有内容 0F。

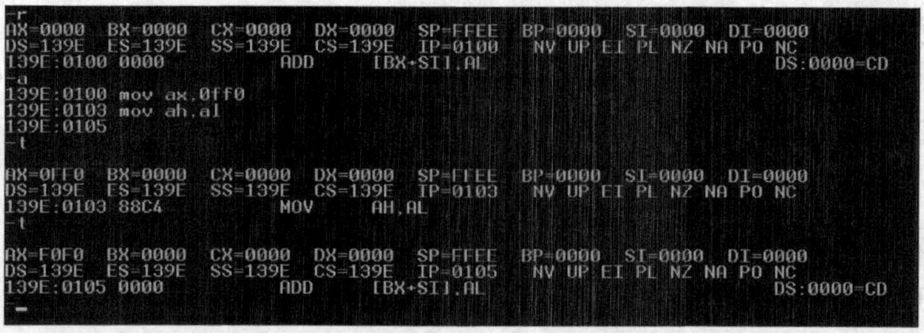

第 2 章 8086 CPU 和存储器

图 2.7 AH、AL 的独立使用

注意：由数据寄存器拆分成的 8 位独立寄存器只能存储数据，不能存储 16 位的地址信息。

2.3.2 段寄存器

8086 CPU 是用段对内存进行管理和使用的。所谓的段就是 CPU 在存储器中划定的一段空间或范围。

8086 CPU 可把存储器划分成 4 种类型的段，即代码段、数据段、堆栈段和附加段，段的基址存放在段寄存器中。与各段相对应，存放段基址的寄存器分别是 16 位的代码段寄存器（CS）、数据段寄存器（DS）、堆栈段寄存器（SS）和附加段寄存器（ES）。

2.3.3 控制寄存器

控制寄存器包括指令指针寄存器（IP）和标志寄存器（FLAG）。

1. 指令指针寄存器

16 位指令指针寄存器（IP）用来存放将要取出的下一条指令在内存代码段中的偏移地址。根据上一条取出指令的字节数，IP 有"自加"（电路自动实现）功能，因此，在程序顺序执行时，IP 中的内容会跟随指令的执行过程，始终指向下一条要取出的指令。当 EU 执行转移指令时，会将转移的目标偏移地址送入 IP，实现程序的转移。

2. 标志寄存器

16 位的标志寄存器（FLAG）用来存放运算结果的特征和控制标志。标志位的作用归纳如下：

① 用来表征运算类指令的执行结果状态。
② 为相关指令执行提供依据。
③ 控制 CPU 的工作方式。

FLAG 寄存器的标志位结构如图 2.8 所示。

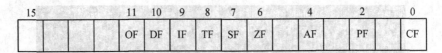

图 2.8 FLAG 寄存器的标志位结构

标志寄存器具有特殊性,9 个标志位并没有占满全部寄存器的 16 位,且是不连续的。标志位能实现独立的位操作。

下面介绍标志寄存器中各个标志位的含义。

① CF——进位标志(Carry Flag)。若 CF=1,表示本次算术运算时在最高位(第 7 位或第 15 位)产生进位或借位,否则 CF=0。

两个 8 位的无符号数进行加法或减法运算后,如果 CF=1,表示加法结果超出了 255,或者是减法结果小于 0。

例如:

```
MOV AL,90H
ADD AL,AL
```

两条指令执行后,AL 寄存器中的内容为 20H,产生了进位,所以 CF=1。

又如:

```
MOV AL,30H
ADD AL,AL
```

两条指令执行后,AL 寄存器中的内容为 60H,没有产生进位,所以 CF=0。

注意:传送类指令对各个标志位不产生影响,如 MOV、PUSH、POP 等数据传送指令。但移位指令会影响 CF。

② PF——奇偶标志(Parity Flag)。若 PF=1,表示操作结果中 1 的个数为偶数,否则 PF=0。

例如:

```
MOV AL,1
ADD AL,8
```

两条指令执行后,AL 寄存器中得到的结果为 00001001,其中共有两个 1,所以 PF=1。

③ AF——辅助进位标志(Auxiliary carry Flag)。若 AF=1,表示字节运算时产生了低半字节向高半字节进位或借位,否则 AF=0。

辅助进位也称半进位标志,主要用于 BCD 码运算的十进制调整。

④ ZF——零标志(Zero Flag)。若 ZF=1,表示操作结果为零,否则 ZF=0。

例如:

```
MOV AL,7
```

```
SUB AL,7
```

两条指令执行后，AL 寄存器中得到的结果为 0，所以 ZF=1。

⑤ SF——符号标志（Sign Flag）。若 SF=1，表示运算后的结果为负数，否则 SF=0。

注意：对于同一个数据，计算机可以把它当作无符号数来计算，也可以把它当作有符号数来计算。SF 标志就是 CPU 对有符号数运算结果状态的记录，记录结果的正负。虽然无符号数的运算结果会影响 SF，但对程序来说无意义。

⑥ OF——溢出标志（Overflow Flag）。若 OF=1，表示当进行有符号数运算时，结果超过了寄存器能容纳的最大范围，否则 OF=0。

⑦ IF——中断允许标志（Interrupt enable Flag）。若 IF=1，则 CPU 允许响应外部可屏蔽中断请求；若 IF=0，则 CPU 不允许响应可屏蔽中断请求。IF 位的状态可由中断指令设置。

⑧ DF——方向标志（Direction Flag）。若 DF=1，表示执行字符串操作时按照从高地址向低地址方向进行；否则 DF=0。DF 位的状态可由指令设置。

⑨ TF——单步标志（Trace Flag），又称跟踪标志。该标志位在调试程序时可直接控制 CPU 的工作状态。当 TF=1 时为单步操作，CPU 每执行一条指令就停下来，进入内部的单步中断处理，以便对指令的执行情况进行检查；若 TF=0，则 CPU 连续执行指令。

2.3.4 寄存器的常规使用方法简介

在寄存器使用方法中，有些是习惯用法，而有些是指定用法，大家要熟练掌握，这样才能在编程时得心应手。

① AX 寄存器：又称作累加器，常用于运算。在加、减运算中常用来存放操作数和运算结果；在乘、除运算中指定用来存放操作数和运算结果。另外，所有的 I/O 操作指令都使用这一寄存器与外部设备端口交换数据。

② BX 寄存器：又称作基址寄存器，常用来存放数据的偏移地址。

③ CX 寄存器：又称作计数寄存器，常用于计数。常使用它在循环（LOOP）和串处理时作为隐含计数器。

④ DX 寄存器：常用于传递数据；在端口操作时存放端口地址。

⑤ SP 寄存器：又称作堆栈指针寄存器，固定与堆栈段寄存器（SS）配合使用，用来存放堆栈栈顶的偏移地址。

⑥ BP 寄存器：又称作基址指针寄存器，可用作 SS 的一个相对基址位置。

⑦ SI 寄存器：又称作源变址寄存器，可用来存放相对于 DS 段中源变址指针。

⑧ DI 寄存器：又称作目的变址寄存器，可用来存放相对于 ES 段中目的变址指针。

⑨ IP 寄存器：指令指针，固定与段寄存器 CS 配合使用。IP 始终指向 CPU 下一条预取指令首字节在代码段中的偏移地址。IP 有"自加"功能，当 BIU 从内存中取出一

条指令后，它就自动加上该指令的字节长度。例如，已取出的指令是 1 字节指令，IP 就自动加上 1，从而指向下一条指令在代码段中的位置；又如，取出的指令是 3 字节指令，IP 又会自动加上 3。

2.4 存 储 器

存储器用来存放程序和数据，是计算机的重要组成部分。

2.4.1 存储器的分类

存储器根据用途和特点可以分为两大类：内部存储器和外部存储器。

1. 内部存储器

内部存储器分为随机存取存储器（RAM）和只读存储器（ROM），简称内存或主存。内部存储器主要是用来存放当前运行的程序和数据，能够被 CPU 直接访问，随时向 CPU 提供信息。内部存储器工作速度快，但容量受限制。

随机存取存储器的主要特点为既可读出又可写入，按其结构和工作原理分为静态随机存取存储器（SRAM）和动态随机存取存储器（DRAM）。DRAM 造价低且易于集成，常用作计算机主板上的内存条。常使用的 DDR 内存就是 DRAM 的重要种类。SRAM 工作速度快，但由于造价高，常用作容量有限的高速缓存。

只读存储器（ROM）的特点是只允许读出，不允许写入内容。ROM 按结构和工作原理分为掩膜型只读存储器、可编程只读存储器（PROM）、可擦除可编程只读存储器（EPROM）、可用电擦除的可编程只读存储器（EEPROM）及闪存（Flash Memory）。闪存因可读可写，且记忆信息不依靠电来维持等特点，应用范围很广。计算机主板上的 BIOS 芯片就是只读存储器。

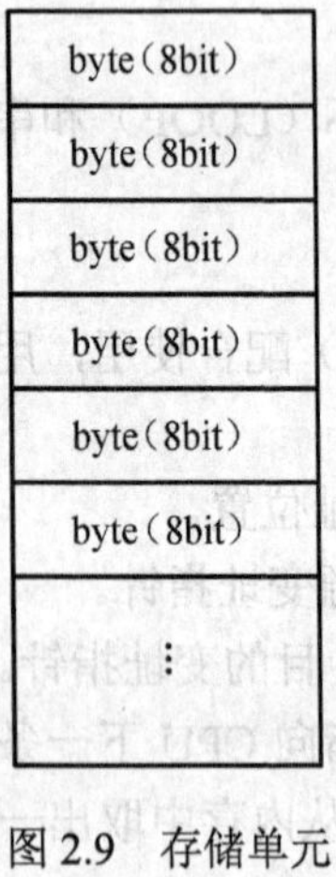

2. 外部存储器

外部存储器包括硬盘、光盘、U 盘等存储介质。因为存储容量大，外部存储器常被称为"海量"存储器。

2.4.2 存储单元

在计算机中，最小的信息单位是 bit，也就是一个二进制位。CPU 对存储器读/写操作的基本单位是一个字节。

一个字节构成了一个存储器基本存储单元，也称作字节存储单元，如图 2.9 所示。

存储器是由一个个连续的字节存储单元构成的，存储器容量就是以字节为最小单位来计算的。如 1 KB 的存储器，它的容量为 2^{10} 即

图 2.9 存储单元

1024个字节；1GB内存含有2^{30}个字节。

存放一个机器字的存储单元，通常称为字存储单元。8086存储系统的字是16位的，它在存储器中存储时，要占用两个连续字节。

2.4.3 存储单元的内容与地址

一个存储单元的内容为8位连续的二进制数，常写成十六进制形式，如图2.10所示。

每个单元对应唯一的地址。存储单元地址是二进制整数编码，地址编码是从0开始，按顺序依次加1。图2.10中内存单元的地址为物理地址，物理地址和地址总线上的地址信息相对应。

8086 CPU从地址总线上并行发出一个20位的地址信息，就能打开这个地址所对应内存单元的"门"，从而能够经过数据总线把内存单元数据读出、写入。

在汇编语言中，内存单元的内容和地址常写成十六进制形式。

注意：存储单元的地址和内容是完全不同的。前者是存储单元的编号，可比作一个房间门的钥匙，后者表示这个位置里存放的数据信息，可比作房间里住的人。一般地，8086系统字的存储从一个偶地址开始。CPU读/写一个字时，给出字的起始地址就可实现。

在汇编语言注释中，常使用圆括号"( )"表示取内容。括号中的内容可以是单元地址、寄存器名称等。

注意：圆括号不是8086汇编指令的组成部分。

图2.10中字节内存单元内容可注释为：(00000H)=34H，(00001H)=28H，(00002H)=3AH……

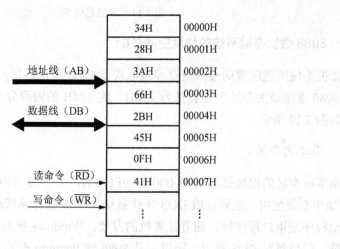

图2.10 存储单元的内容与地址

一个字的高位字节存储在高地址单元，低位字节存储在低地址单元。图 2.10 中的字单元内容可注释为：(00000H)=2834H，(00002H)=663AH，(00004H)=452BH……

图 2.11 描述了传送一个字信息时数据总线占用与存储单元的对应关系。

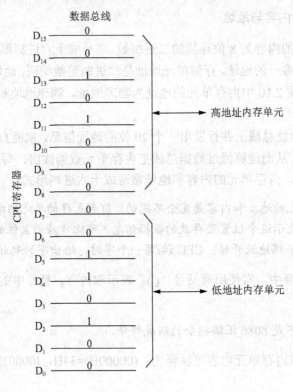

图 2.11　字信息传送

2.4.4　8086 微机存储系统的地址空间分配

微机系统所能配置的最大内存容量取决于 CPU 发出地址总线的位数。20 位地址总线的 8086 系统最大寻址内存容量为 1 MB。这 1 MB 的内存分为基本内存区和高端内存区，如图 2.12 所示。

1. 基本内存区

基本内存区的地址范围是 00000H～9FFFFH，大小为 640 KB。基本内存区主要供 DOS 操作系统使用，主要存放 DOS 操作系统、DOS 操作系统运行需要的系统数据、设备驱动程序及用户程序等。随着计算机的发展，Windows 操作系统逐步替代了 DOS 操作系统，但依然对 DOS 兼容，所以，从 8086 到 Pentium 机的基本内存区的大小和功能一直保持一致。

2. 高端内存区

高端内存区地址范围是 A0000H～FFFFFH，大小为 384 KB。高端内存区主要为系统 ROM（BIOS 芯片）和外部设备缓冲区提供存储空间。其具体分配如下：

A0000H～BFFFFH 共 128 KB 为显示缓冲区，对应显卡上的 RAM；C0000H～DFFFFH 共 128 KB 为 I/O 设备存储保留区，对应显卡 ROM、网卡缓存、硬盘数据缓存等占用的空间；E0000H～EFFFFH 共 64 KB 为保留区；F0000H～FFFFFH 共 64 KB 为系统 ROM 区。

3. 扩展内存区

扩展内存区是指 1 MB 以上的内存空间，只有 32 位计算机才可提供。

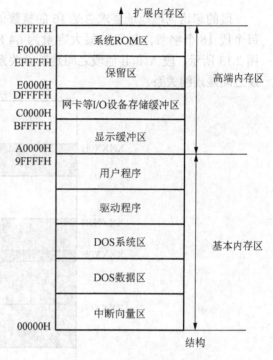

图 2.12　8086 系统内存结构

2.5　8086 CPU 物理地址的形成

2.5.1　段的概念

内存中本没有"段"，但是 8086 CPU 依靠"段"的定义实现内存管理。它把 1 MB 的内存划分为若干个存储区，每个区域称为一个逻辑段。

8086 引入存储器分段是有原因的。8086 CPU 有 20 根地址线，这样才可寻址 1 MB 的内存空间。但是 8086 CPU 的寄存器却是 16 位的，如果用段寄存器直接发出地址只能是 16 位的地址，最大寻址空间是 64 KB，达不到 1 MB，这样就引入了将内存分段管理的方法。段有 4 种类型，分别称为代码段、数据段、堆栈段和附加段。每个段中存放不同类型的数据，进行不同的操作。

① 代码段：存放程序指令。

② 数据段：存放程序所使用的数据或数据处理结果。

③ 堆栈段：作为程序堆栈区（为子程序调用、系统功能调用、中断处理等操作所使用，并按先进后出原则访问的特殊存储区）或作为临时数据存储区。

④ 附加段：辅助的数据区（为串操作指令所使用）。

段的起始物理地址要求总是 16 的整数倍。1 MB 内存空间最多可分为 64 K 个段，每个段 16 个字节，每段的最大容量为 64 KB。段与段之间可断续、连续和交叉。如图 2.13 所示，段 A 和其他段之间是断续关系，段 B 和段 C 之间是交叉关系，段 C 和段 D 之间是连续关系。

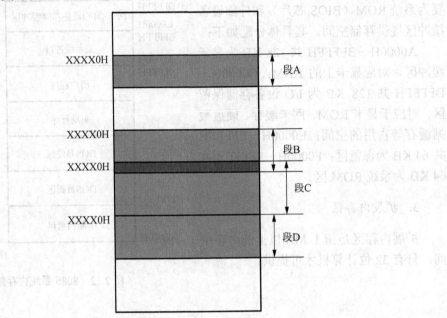

图 2.13 段间位置关系

2.5.2 与地址相关的基本概念

地址的概念在汇编语言中占有相当重要的地位。数据存储、程序存储及编写指令都离不开地址的概念。

1. 段基址

在 8086 CPU 中设置的段寄存器只有 16 位，只能存放 20 位段起始地址的高 16 位，称其为段基址。

2. 段首地址

段基址左移 4 个二进制位（低位补 0），就得到 20 位的段内第一个单元的物理地址，称其为段首地址，简称段地址。

3. 偏移地址

偏移地址就是将内存分段后，在段内某单元地址相对于段地址的偏移量。

第 2 章 8086 CPU 和存储器

4. 逻辑地址

以"段基址:偏移量"的形式给出。

5. 物理地址

从 CPU 地址引脚发出的、地址总线上传送的内存单元地址。

8086 系统内存某单元的物理地址=16 位段基址×16+16 位段内偏移量

例如，为求用十六进制表示的逻辑地址 1234:3456H 所对应单元的物理地址，应先把段基址左移 4 个二进制位，也就是十六进制的一位，变成 12340H，再在低位加上 3456H，得到物理地址为 15796H。

到目前为止，可以总结一下段和段寄存器的引用：在取指令时，CPU 会自动引用代码段寄存器（CS），再加上 IP 给出的 16 位段内偏移，得到要取指令的物理地址。当涉及堆栈操作时，CPU 会自动引用堆栈段寄存器，再加上 SP 给出的 16 位段内偏移，得到堆栈元素的物理地址。

当段内偏移地址涉及 BP 寄存器时，默认引用的段寄存器为 SS。

在一般数据存取的情况下，则自动选择数据段寄存器（DS）或附加段寄存器（ES），再加上 16 位偏移，得到操作数所在内存单元的物理地址。16 位偏移量来源有多种方式，取决于指令寻址方式。段和段寄存器的引用可用图 2.14 直观表示。

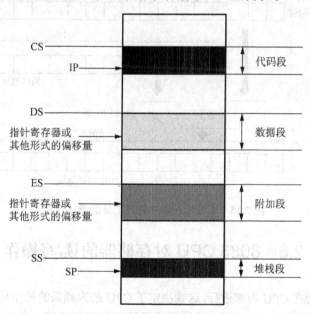

图 2.14 段和段寄存器的引用

6. 开机地址

在 8086 CPU 加电启动或复位后（即 CPU 刚开始工作时），CS、IP 分别被初始化为 CS=FFFFH、IP=0000H。然后代码段寄存器内容左移 4 位，再与 IP 内容相加，得到开机地址位为 FFFF0H，CPU 从该地址处执行指令。这个地址在系统 BIOS 的地址范围内。无论是 Award BIOS 还是 AMI BIOS，放在这里的都是一条跳转指令。CPU 执行该跳转指令，跳转到系统 BIOS 中真正的启动代码处。系统 BIOS 的启动代码首先要做的事情就是进行加电自检（Power On Self Test，POST）。计算机的硬件设备很多（包括存储器、中断、扩展卡），因此要检测这些设备的工作状态是否正常。

2.5.3 8086 CPU 物理地址形成机制

8086 CPU 使用 BIU 内的地址加法器，形成 20 位的内存单元物理地址。

注意：地址加法器内部含移位功能的寄存器。

20 位物理地址的形成过程如图 2.15 所示。

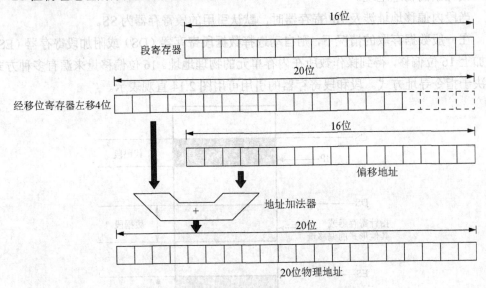

图 2.15 地址加法器中物理地址的形成过程

2.6 8086 CPU 对存储器的读/写操作

数据处理过程在 CPU 内部进行，这就决定了 CPU 最为频繁的操作是对存储器的读/写。

读或写都是针对 CPU 来说的，读过程就是数据从存储器某个单元传送到 CPU 内部，而写过程就是数据从 CPU 内部传送到内存的某个单元。

先看下面两条指令。

```
MOV AL,[2000H]    ;源操作数为直接寻址方式
MOV [2000H],AL    ;目的操作数为直接寻址方式
```

第一条指令完成的功能是把偏移地址为 2000H 的数据段单元存储内容传送到 CPU 内部的 AL 寄存器，CPU 完成此指令的操作过程就是读过程。相反，完成第二条指令的操作过程就是写过程。

CPU 对存储器读/写操作是按照时序进行的，即利用三总线，按时间节拍完成读/写操作。这里提到的时间节拍就是时钟周期。

① 时钟周期：系统主时钟一个周期信号所持续的时间称为时钟周期（T）。时钟周期为频率的倒数，是 CPU 的基本时间计量单位。

② 总线周期：CPU 利用三总线对存储器（或外设 I/O 端口）完成一次进行读（或写）操作所使用的时间称为总线周期。一个总线周期含若干个时钟周期。

③ 机器周期：CPU 完成一项基本操作所需要的时间，如取指周期、取数周期等。一条指令由若干字节构成，可见机器周期含一个以上总线周期。

④ 指令周期：指 CPU 从存储器取出指令并分析执行完毕所需时间。指令周期含若干机器周期。

在读过程中，CPU 使用三总线的时序可用图 2.16 表示。在写过程中，CPU 使用三总线的时序可用图 2.17 表示。

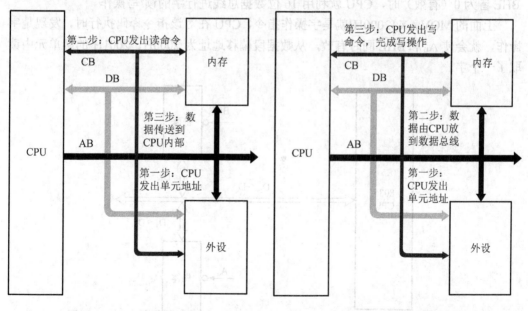

图 2.16　CPU 读过程时序　　　　　图 2.17　CPU 写过程时序

思考：比较一下读时序和写时序，两者第一步工作都是由 CPU 向地址总线发出要操

作单元的地址信息,把单元的"门"打开,第二步和第三步的次序就调换了,这是为什么?

2.7 8086 CPU 如何完成内存字的读/写

先来看一条指令:

MOV AX,[2000H]

该指令的作用是,把内存数据段中从偏移地址 2000H 开始的一个 16 位字读取到 AX 寄存器。那么,为什么 CPU 只发出了一个内存单元地址,却能读到一个字?8086 CPU 字读取功能在于它特殊的内存组织方式。

8086 CPU 的 20 条地址总线能够寻址 1 MB 的内存空间,它又将 1 MB 的内存储器分成偶地址存储体(以下简称偶体)和奇地址存储体(以下简称奇体)。偶体和 16 条数据线中的低 8 条相连,奇体和高 8 条数据线相连,如图 2.18 所示。

当 8086 CPU 执行指令访问存储单元时,分为字节访问和字访问两种方式。

8086 CPU 的地址最低位 A_0 和高位字节使能信号 $\overline{BHE}$ 一起作用,确定内存访问方式。当 A_0 为低电平有效、$\overline{BHE}$ 为 1(无效)时,CPU 只选中偶体,对偶地址单元进行字节读/写操作,此时使用数据总线低 8 位。当 A_0 为 1(无效)、$\overline{BHE}$ 为 0(有效)时,CPU 只选中奇体,对奇地址单元进行字节读/写操作,使用数据总线的高 8 位。当 A_0 和 $\overline{BHE}$ 皆为 0(有效)时,CPU 就利用 16 位数据总线进行字的读/写操作。

上面的 MOV AX,[2000H] 就是字操作指令,CPU 在对该指令译码执行时,发现是字操作,就会使 A_0 和 $\overline{BHE}$ 同时有效,从数据段偏移地址为 2000H、2001H 的两单元中读取了一个字。

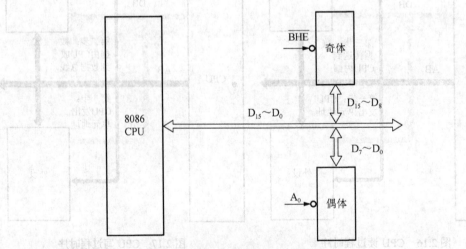

图 2.18 奇/偶存储体

A_0 和 $\overline{BHE}$ 配合使用控制读取方式如下：

A_0	$\overline{BHE}$	
0	0	字读/写
0	1	字节读/写，使用数据总线低 8 位
1	0	字节读/写，使用数据总线高 8 位
1	1	字不读/写

当执行字操作指令时，有对准状态和非对准状态。

在对准状态，一个字的低 8 位在偶体，高 8 位在奇体。在这种状态下，完成一个字的传送只需要一个总线周期。前面的 MOV AX,[2000H]指令源操作数就处于字对准态。

非对准状态下，一个字的低 8 位在奇体，高 8 位在偶体。在这种状态下，传送一个字要用两个总线周期，第一个总线周期用高 8 位数据线传送一个字的低 8 位，第二个总线周期用低 8 位数据线传送一个字的高 8 位。例如，MOV AX,[2001H]指令源操作数处于字非对准状态。

显然，非对准状态大大降低了指令执行效率。因此，在用指令完成字操作时，最好从内存偶地址单元开始传送数据。

习题 2

一、填空题

1. 8086 CPU 内部含有段寄存器_____、_____、_____和_____。
2. 8086 系统中的地址总线宽度为_____位，可以寻址内存空间为_____MB。
3. 8086 CPU 指令队列含_____字节。
4. 8088/8086 CPU 的数据总线宽度分别为 8 条、16 条，则它们一次可以并行传送的数据分别为_____字节和_____字节。
5. 8086 CPU 引脚 $\overline{BHE}$ 的名称是_____，作用为_____。
6. 1KB 的存储器有_____个存储单元，存储单元的偏移地址编号从 0 到_____。

二、选择题

1. 计算机中用来存储程序和数据信息的记忆装置是（　　）。
   A．控制器　　　B．运算器　　　C．CPU　　　D．存储器
2. 计算机内部存储器是按（　　）编址的。
   A．位　　　　　B．字节　　　　C．字　　　　D．双字
3. 在计算机内部操作中，CPU 与存储器信息交换使用的都是（　　）地址。
   A．逻辑　　　　B．物理　　　　C．有效　　　D．相对

4. 8086 CPU 的地址总线为 20 位，则寻址范围为（　　）。
   A．1 MB　　　　B．16 MB　　　　C．4 MB　　　　D．2 MB
5. 能保存各逻辑段段基址的寄存器为（　　）。
   A．段寄存器　　B．地址寄存器　　C．数据寄存器　　D．计数寄存器
6. 代码段寄存器（CS）与（　　）配合使用，形成预取指令的内存地址。
   A．DS　　　　B．SP　　　　C．IP　　　　D．BP
7. 在 8086 系统中，存储器采用分段组织，每段最大长度是（　　）。
   A．16 KB　　　B．32 KB　　　C．64 KB　　　D．128 KB
8. 在 8086 系统中，存储器采用分段组织，每段起始地址是（　　）的整数倍。
   A．16　　　　B．32　　　　C．10　　　　D．40
9. 用 Debug 调试汇编语言程序时，显示某指令的地址是 2F80:F400，此时代码段寄存器（CS）的值是（　　）。
   A．F400H　　B．2F80H　　C．F4000H　　D．2F800H
10. 设 DS=1100H，(12000H)=80H，(12001H)=20H，(12002H)=30H，CPU 执行 MOV AX,[1000H] 指令后，AX=（　　）。
    A．8000H　　B．0080H　　C．2080H　　D．8020H
11. 8086/8088 系统的存储器组织采用分段管理，可作为段的起始地址是（　　）。
    A．185A2H　　B．00020H　　C．01004H　　D．0AB568H
12. CPU 在取指令时，使用的段寄存器是（　　）。
    A．DS　　　　B．CS　　　　C．ES　　　　D．SS
13. 若 CS=1000H，IP=0200H，则 CPU 要取指令的物理地址为（　　）。
    A．0200H　　B．10000H　　C．10200H　　D．12000H
14. 如果某一存储单元的物理地址为 12345H，则它的逻辑地址为（　　）:0345H。
    A．0012H　　B．12000H　　C．1200H　　D．0120H
15. CPU 执行一条指令所需时间称为（　　）。
    A．时钟周期　　B．总线周期　　C．执行周期　　D．指令周期
16. 传送 8086 CPU 读/写命令的信号线属于（　　）。
    A．数据总线　　B．地址总线　　C．控制总线　　D．内部总线
17. 8086 CPU 在对准状态进行字的读/写时，A_0 和 $\overline{BHE}$ 发出电平情况是（　　）。
    A．低 低　　B．低 高　　C．高 低　　D．高 高

上机训练 2　用 Debug 实现简单程序段的调试

一、实验目的

1. 能够编写一个简单的汇编语言程序段。

2. 熟练使用 A、U 命令进行汇编和反汇编。
3. 熟练使用单步执行命令 T 实现程序段的调试。
4. 进一步掌握内存单元逻辑地址和物理地址之间的关系。

二、实验内容

1. 熟练进入 Debug 调试工具环境。
2. 完成程序段的编写。
3. 对程序段中的指令逐条汇编。
4. 使用 T 命令单步执行各条指令，注意观察每条指令的运行结果。

三、实验任务举例

给定程序段如下：

```
MOV AX,05H
MOV BX,AX
ADD AX,BX
```

用 A、T 命令对各条指令汇编、执行后，得到图 2.19 所示的结果。

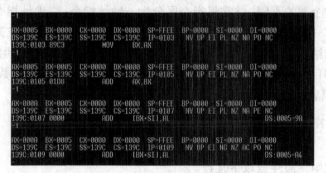

图 2.19　指令运行结果

思考：当程序段中的指令逐条执行完，为什么 T 命令还能继续执行？

请大家独立编写能够实现某项功能的程序段，使用 A、T 命令汇编、运行各条指令，检查指令执行结果，并采用 U 命令实现指令的反汇编。

第3章 8086系统的寻址方式

上一章学习了寄存器和存储器的相关知识，懂得了程序运行所需数据会以各种方式存放在各层次的存储器中，就像日常使用的物品必须要给它找到一个存放位置一样。那么，程序运行时，指令是如何找到所要操作的数据呢？这就是本章要学习的内容。

3.1 寻址方式的概念

众所周知，计算机通过执行一系列指令来完成程序任务。每条计算机指令由两部分组成——操作码和操作数。操作码部分规定计算机执行的具体操作；而操作数部分给出执行操作码所需的数据或数据地址。每条指令的操作码只有一个，而操作数却可以有多个。计算机指令的一般格式如下：

操作码 操作数1…操作数n

依据操作数个数的不同，常常将指令区分为一地址指令、二地址指令和三地址指令。一地址指令只有一个操作数；二地址指令有两个操作数，分别为源操作数和目的操作数，指令处理数据的结果常常存放于目的操作数中，这种指令格式最为常用；三地址指令除提供源操作数和目的操作数外，会另外提供一个专门存放结果的操作数。

8086汇编语言指令大多为两个操作数指令，其指令格式如下：

指令助记符 [目的操作数][,源操作数]
     DST SRC

在指令格式中，应注意以下几点。
- 指令助记符和操作数之间至少用一个空格分隔。
- 操作数之间用半角逗号分隔。
- 指令中的操作数可以是一个具体的数值，也可以是存放数据的寄存器或数据在内存中的地址。

确定指令中操作数所在地址或程序转移地址的方法称为寻址方式。

3.2 寻址方式的分类

8086系统共有7种基本的寻址方式：立即寻址、寄存器寻址、直接寻址、寄存器间接寻址、寄存器相对寻址、基址加变址寻址、相对基址加变址寻址。后5种寻址方式分别给出操作数所在内存单元偏移地址的形成方法。

3.2.1 立即寻址

立即寻址方式，顾名思义就是能立即找到操作数的寻址方式。这种寻址方式中，操作的数据就包含在指令中，它是指令本身的一部分。采用立即寻址方式的指令格式如下：

指令助记符 目的操作数,立即数

立即寻址方式中的操作数据称为立即数。立即数只能放在源操作数字段，不能放在目的操作数字段，且要求与目的操作数长度保持一致。立即数的长度可以是 8 位或者 16 位。

立即数随指令一起存放在内存中的代码段，16 位立即数的高位字节存放于高地址单元、低位字节存放于低地址单元。

因立即数随指令一起被 CPU 读取，在所有寻址方式中，立即寻址方式的寻址速度最快。立即寻址方式常用来给某个寄存器或存储单元赋值。

例 3.1 说明 MOV AX,382AH 指令源操作数的寻址方式。

源操作数为立即寻址方式。程序运行时，该操作数随指令存放在内存中的程序代码段，当 CPU 对该指令取指、执行后，16 位的立即数就被传送到目的操作数 AX 寄存器中。立即数在 16 位寄存器中的存放规则是：高位字节存放在 AX 的高 8 位，低位字节存放在 AX 的低 8 位，即(AX)= 382AH。

该指令的存储和执行过程如图 3.1 所示。

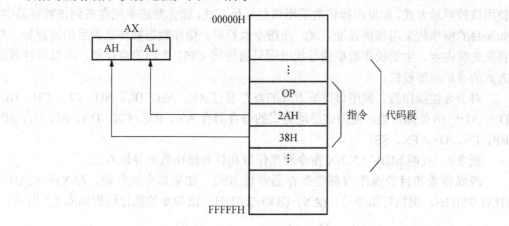

图 3.1 MOV AX,382AH 指令的存储和执行过程

注意：指令格式与指令的机器码格式是存在差异的。例如，使用 Debug 的汇编命令 A 和查看内存单元命令 D 来查看例 3.1 指令的机器码，如图 3.2 所示。

图 3.2 MOV AX,382AH 指令的机器码

使用Debug的查看内存单元命令D，可查看到该指令的机器码是 B8 2A 38。从机器码中可直接看到源操作数为382AH，这与指令格式中的源操作数相符合，那么，指令格式中的目的操作数在哪里？其实，机器码的操作码部分B8中已经含有了目的操作数的信息。

例3.2 说明MOV AL,6指令的作用。

该指令的源操作数为立即寻址方式。指令中的立即操作数是以十进制形式表示的，汇编器在对该指令进行汇编时，会把十进制的立即数转换为二进制数，并在高位补0，扩展为8位。本指令执行后，立即数被传送到8位的寄存器AL，即(AL)=06H。

例3.3 下面两条指令是否合法？

```
MOV AX,08H
MOV AL,382AH
```

第一条指令合法，汇编器会把立即数高位补0，扩展为16位的二进制数。该指令的执行结果是(AX)=0008H。

第二条指令非法，因为立即数的长度已经超出了寄存器AL的容纳范围。

3.2.2 寄存器寻址

寄存器寻址是指操作数据存放在寄存器中。一条指令的源操作数和目的操作数都可使用该种寻址方式。如果源操作数采用该种寻址方式，操作数应事先存放到该寄存器中；如果目的操作数采用该种寻址方式，在指令执行后，操作数据被传送到目的寄存器，并替换先前内容。由于操作数据的寻找过程只需访问CPU内部的寄存器，所以该种寻址方式的寻址速度较快。

对于8位操作数，使用该寻址方式的寄存器有AL、AH、BL、BH、CL、CH、DL、DH；对于16位操作数，使用该寻址方式的寄存器有AX、BX、CX、DX、SI、DI、SP、BP、CS、DS、ES、SS。

例3.4 说明MOV AX,BX指令源操作数和目的操作数的寻址方式。

源操作数和目的操作数都是寄存器寻址方式。如果指令执行前，(AX)=382AH，(BX)=25B2H，则执行指令后，(AX)=(BX)=25B2H。该指令的执行过程如图3.3所示。

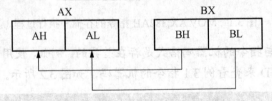

图3.3 MOV AX,BX指令的执行过程

例3.5 说明MOV AL,BL指令源操作数和目的操作数的寻址方式。

该指令的源操作数和目的操作数都是寄存器寻址方式。AL和BL都是8位寄存器，符合等长操作的原则。如果指令执行前，(AL)=05H，(BL)=08H，则执行指令后，(AL)=(BL)=08H。

以上两种寻址方式是寻址操作数速度最快的两种，从第三种寻址方式开始，需要访问内存中代码段之外的数据存储区了，即通过访问数据区来找到操作数。欲找到内存数据区中存放的操作数，必须先确定操作数存放的地址。因此，需要掌握计算操作数地址的方法。

3.2.3 直接寻址

直接寻址方式是指由指令直接给出操作数的偏移地址（有效地址）。偏移地址要求写在"[ ]"之内。

通常情况下，操作数存放在程序的数据段中。所以，操作数在内存中的逻辑地址为DS:偏移地址；操作数的物理地址由DS内容左移4位，再加上偏移地址而形成。

在所有访问存储器中操作数的寻址方式中，最简单的就是直接寻址。

例 3.6 说明 MOV AX,[1000H]指令操作数的寻址方式。

该指令的目的操作数是寄存器寻址方式，而源操作数是直接寻址方式。

该指令被 CPU 读取并执行时，还要读取一次存储器，从程序的数据段中读取操作数并传送到 AX 寄存器。源操作数在内存中的逻辑地址为 DS:1000H。

假设(DS)=2000H，而源操作数在数据段内的偏移地址为 1000H，则可计算出操作数的物理地址为 20000H+1000H=21000H。

该指令的存储和执行过程如图 3.4 所示，执行结果为(AX)=6245H。

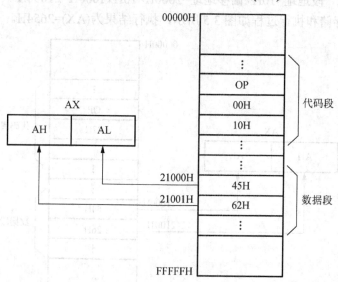

图 3.4　MOV AX,[1000H]指令的存储和执行过程

在程序中，直接地址通常用内存变量名来表示，如 MOV BX,VARW（VARW 是内存字变量），这条指令也可写成 MOV BX,[VARW]。

由于数据段的段寄存器默认为 DS，如果要指定访问其他段内的数据，可在指令中用段前缀的方式显式地书写出来。

下面指令的目标操作数使用的是带有段超越前缀的直接寻址方式。

```
MOV ES:[1000H],AX
```

这条指令在寻找目的操作数时，使用的段寄存器为 ES。

3.2.4 寄存器间接寻址

寄存器间接寻址方式不像直接寻址那样把操作数的偏移地址直接放在指令中，而是将其存放在某个寄存器中。要想找到操作数，必须先到寄存器中取出偏移地址，再结合段地址形成物理地址，然后到存储器中的对应位置取出操作数。

8086 寄存器间接寻址方式所使用的寄存器可以是 BX、BP、SI 及 DI。

如果使用 BX、SI、DI 寄存器的间接寻址方式，则默认的段寄存器为 DS；如果使用 BP 寄存器的间接寻址方式，则默认的段寄存器为 SS。

例 3.7 说明 MOV AX,[BX]指令源操作数的寻址方式。

源操作数采用寄存器间接寻址方式。因使用的是寄存器 BX，所以默认的段寄存器是 DS。

如果在执行指令前，(BX)=1000H，(DS)=2000H，则源操作数的物理地址为

段地址×10H+偏移地址=2000H×10H+1000H=21000H

该指令的存储和执行过程如图 3.5 所示，执行结果为(AX)=2654H。

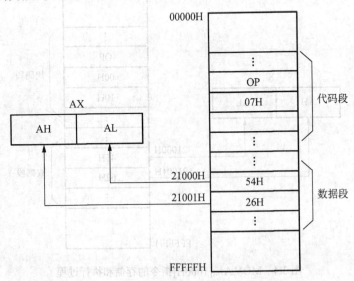

图 3.5　MOV AX,[BX]指令的存储和执行过程

在这种寻址方式中，依然可以使用段超越前缀来获取在其他段中的数据。

例 3.8 说明 MOV AX,ES:[BX]指令源操作数的寻址方式。

指令源操作数采用带段超越前缀的寄存器间接寻址方式。

如果指令执行前，(BX)=1000H，(ES)=3000H，则源操作数的物理地址为

物理地址=段地址×10H+偏移地址=3000H×10H+1000H=31000H

参照图 3.6 存储器附加段中的对应值，该指令的执行结果为(AX)=2050H。

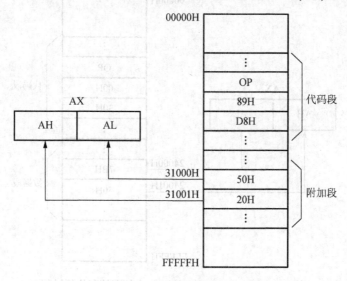

图 3.6 MOV AX,ES:[BX]指令的存储和执行过程

3.2.5 寄存器相对寻址

采用寄存器相对寻址方式，操作数的偏移地址为寄存器的内容与指定偏移量（8 位或 16 位）之和。这里的寄存器可以是基址寄存器 BX 和 BP，也可以是变址寄存器 SI 和 DI。

如果偏移地址使用 BX、SI、DI 之一来指定，默认的段寄存器为 DS；如果偏移地址使用 BP 来指定，默认的段寄存器为 SS。

寄存器相对寻址方式的写法很灵活，下面的写法都是合法的。

```
MOV AX,[BX+100H]
MOV AX,[100H+BX]
MOV AX,100H[BX]
MOV AX,100[BX]
MOV AX,[BX].100
MOV ARRAY[SI],BL   ;ARRAY 为变量地址
```

例 3.9 说明 MOV AX,[DI+3000H]指令源操作数的寻址方式。

源操作数采用的是寄存器相对寻址方式。

因为指示偏移地址使用的是变址寄存器 DI，所以默认使用的段寄存器是 DS。如果指令执行前，(DS)=2000H，(DI)=1000H，相对地址值为 3000H，那么源操作数在数据段中的物理地址为 2000H×10H+1000H+3000H=24000H。

假设存储器中指令和数据存储状况如图 3.7 所示，则该指令的执行结果为(AX)=507BH。

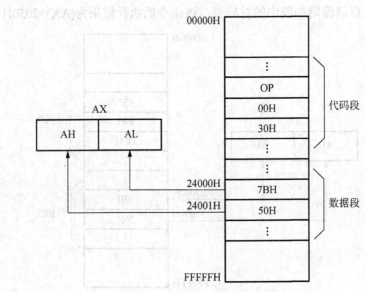

图 3.7 MOV AX,[DI+3000H]指令的存储和执行过程

此外需要说明的是，该寻址方式依然可使用段超越前缀。

3.2.6 基址加变址寻址

基址加变址寻址方式仍属于存储器寻址方式，操作数偏移地址由基址寄存器内容与变址寄存器内容相加而得到。基址寄存器（BX 或 BP）内容可作为偏移地址的基地址，即数组或字符串的首地址。变址寄存器（SI 或 DI）内容可作为相对基地址基础上的变地址，即相对数组首地址的某个数组元素地址或相对字符串首地址的某个字符地址。

例 3.10 说明 MOV AX,[BX][SI]指令源操作数的寻址方式。

源操作数为基址加变址寻址方式，指令的另外一种写法为 MOV AX,[BX+SI]。

由于使用的基址寄存器是 BX，变址寄存器是 SI，因此默认的段寄存器为 DS。

假设指令执行前(DS)=2000H，(BX)=1234H，(SI)=1000H，则操作数的有效地址为 EA=1234H+1000H=2234H，物理地址为 20000H+2234H=22234H。

假定指令和数据的存储情况如图 3.8 所示，则该指令的执行结果为(AX)=527BH。

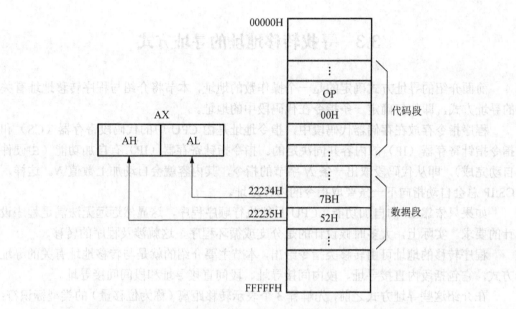

图 3.8 MOV AX,[BX+SI]指令的存储和执行过程

例 3.11 说明 MOV AX,[BP][SI]指令源操作数的寻址方式。

源操作数采用的是基址加变址寻址方式。

由于使用的基址寄存器是 BP，因此默认的段寄存器为 SS。

假设指令执行前(SS)=3000H，(BP)=1000H，(SI)=1000H，则源操作数的偏移地址为 EA=1000H+1000H=2000H，物理地址为 30000H+2000H=32000H。

如果在存储器堆栈段物理地址为 32000H 字单元的内容为 7788H，则该指令的执行结果为(AX)=7788H。

基址加变址寻址方式也可以使用段超越前缀形式，如 MOV AX,ES:[BX][SI]。

3.2.7 相对基址加变址寻址

相对基址加变址寻址方式是指存储器中操作数的偏移地址是一个基址寄存器（BX 或 BP）的值、一个变址寄存器（SI 或 DI）的值和指令中给出的 8 位或 16 位偏移量之和。

如果基址寄存器使用 BX，则默认的段寄存器为 DS；如果基址寄存器使用的是 BP，则默认的段寄存器为 SS。

例 3.12 说明 MOV AX,[BX+SI+300H]指令源操作数的寻址方式。

源操作数采用的是相对基址加变址寻址方式。

由于使用的基址寄存器是 BX，因此默认的段寄存器为 DS。

假设指令执行前(DS)=2000H，(BX)=1000H，(SI)=0010H，则源操作数的偏移地址为 EA=1000H+0010H+300H=1310H，物理地址为 20000+1310H=21310H。

如果在存储器数据段物理地址为 21310H 字单元的内容为 3456H，则该指令的执行结果为(AX)=3456H。

3.3 寻找转移地址的寻址方式

前面介绍的寻址方式确定的是一个操作数的地址，本节将介绍与程序转移地址有关的寻址方式，即如何确定一条指令在代码段中的地址。

程序指令存放在存储器代码段中，指令地址是由 CPU 中的代码段寄存器（CS）和指令指针寄存器（IP）的内容共同决定。指令指针寄存器（IP）有自加功能（由硬件自动完成），即从代码段取出一条 N 字节的指令，其内容就会自动加上数值 N。这样，CS:IP 总会自动指向下一条要取指令的内存地址。

如果只依靠 IP 的自加功能，CPU 只能执行顺序程序，这显然远远无法满足程序设计的要求。实际上，大多时候设计的是分支或循环程序，这就涉及程序的转移。

程序转移的地址可由转移类指令给出，本节主要介绍的就是与转移地址有关的寻址方式，它包括段内直接寻址、段内间接寻址、段间直接寻址和段间间接寻址。

在介绍这些寻址方式之前，先解释 3 个表示转移距离（称为位移量）的类型标识符：SHORT、NEAR 和 FAR。

SHORT 表示位移量为 8 位时（$-128 \sim 127$ 字节）的短转移。

NEAR 表示位移量为 16 位时（$-32\,768 \sim 32\,767$ 字节）的同一代码段内的近转移。在此种情况下，因为程序仍然被控制在当前代码段内运行，所以转移指令只修改 IP 的值，CS 的值保持不变。

FAR 为表示段间转移的标识符，由它标注的转移称为远转移。远转移的转移距离超过 ± 32 KB，或为在不同代码段之间的转移。因为程序控制超出了当前代码段，所以远转移指令要同时修改 CS 和 IP 的值。

3.3.1 段内直接寻址

段内直接寻址方式是指直接在指令中给出段内转向地址（IP 值），转向地址为当前 IP 寄存器的值和指令中指定的 8 位或 16 位位移量之和。该种寻址方式适用于条件转移和无条件转移指令，当用于条件转移指令时，位移量只允许 8 位；而用于无条件转移指令时，位移量可以是 8 位或 16 位。

段内直接寻址方式的偏移地址形成过程如图 3.9 所示。

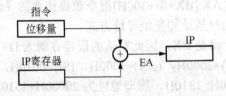

图 3.9　段内直接寻址方式的偏移地址形成过程

使用该寻址方式的转移指令格式举例如下。

```
JMP SHORT NEXT
JMP NEAR PTR NEXT
```

这是两条无条件转移指令,指令中的 NEXT 为转向的符号地址。当位移量是 8 位时,在符号地址前加 SHORT;而当位移量是 16 位时,在符号地址前加 NEAR PTR。当省略转移类型标识符时,默认为 SHORT 型转移,例如:

```
JMP NEXT
```

假设存储器程序代码中存放的程序段如下:

```
1234:0005 …JMP SHORT NEXT
1234:0007 …
1234:0009 …
1234:000B …NEXT: ADD AL,DL
```

CPU 在读入 JMP SHORT NEXT 后,IP 会根据该指令长度自动指向下一条指令的段内地址,即将其内容修改为 0007;而当 CPU 执行该转移指令时,会按指令中给出的转移地址将 IP 寄存器内容修改为 000B。000B 正是标号 NEXT 的段内地址,而代码段寄存器(CS)不变,这样,CPU 会根据 CS:IP 的指示,取出 1234:000B 地址单元中的指令 ADD AL,DL 并执行,于是便实现了程序的转移。

3.3.2 段内间接寻址

段内间接寻址方式是指转移间接利用数据寻址方式(除立即寻址方式外)来指出转向地址。该种寻址方式的偏移地址为一个寄存器或一个存储单元的内容。因为该种转移仍在同一代码段内进行,CS 值保持不变,用偏移地址去替换 IP 寄存器内容即可。

段内间接寻址方式的偏移地址形成过程如图 3.10 所示。

图 3.10　段内间接寻址方式的偏移地址形成过程

使用该寻址方式的转移指令格式举例如下。

```
JMP BX
JMP NEAR PTR [BX]
JMP WORD PTR [BP]
JMP [BX][SI]
```

```
JMP TABLE[SI]
```

例 3.13 说明转移指令 JMP BX 转移地址的寻址方式。假设指令执行前,(DS)=2000H,(CS)= 3000H,(BX)= 3322H,求指令转移地址。

该指令转移地址的寻址方式为段内间接寻址。该指令执行后,(IP)= 3322H,(CS)= 3000H,即转移地址为 CS:IP=3000H:3322H。

例 3.14 说明转移指令 JMP TABLE[SI]转移地址的寻址方式。

假设指令执行前(DS)= 2000H,(CS)= 3000H,(SI)= 7800H;位移量 TABLE = 0008H,(27808H)= 3600H。

转移地址的寻址方式是段内间接寻址。该指令执行后,

(IP)=((DS)×10H + TABLE +(SI))
　　=(20000H + 0008H + 7800H)
　　=(27808H)
　　= 3600H
(CS)= 3000H

即转移地址为 CS:IP=3000H:3600H。

注意:转移指令的段内间接寻址方式及将要介绍的段间寻址方式都不适用于条件转移指令。也就是说,条件转移指令只能使用段内直接寻址的 8 位位移量,属于短转移。

无条件转移 JMP 指令和子程序调用 CALL 指令可使用 4 种转移地址寻址方式中的任何一种。

另外,段内转移指令中的标识符 NEAR PTR 可以省略,即可将 JMP NEAR PTR [BX] 指令直接写成 JMP [BX]。

3.3.3 段间直接寻址

段间直接寻址方式与段内直接寻址方式类似,在指令中直接给出转向段地址和偏移地址,不同的是,在符号地址之前要加上表示段间远转移的标识符 FAR PTR。该种寻址方式用指令中指定的偏移地址取代 IP 寄存器的内容,用指令中指定的段地址取代 CS 寄存器的内容,便会完成从一个段到另一个段的段间转移。

段间直接寻址方式转移地址的形成过程如图 3.11 所示。

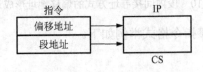

图 3.11 段间直接寻址方式转移地址的形成过程

使用该种寻址方式的转移指令格式举例如下:

```
JMP FAR PTR NEXT
JMP 1000:0
```

第一条指令中，FAR PTR 为段间转移标识符，NEXT 为转向的符号地址。由于段间转移实现的是跨代码段转移，因此 CS 和 IP 都要更改，才能指向另一个代码段中的符号地址。转移指令要负责提供转向的偏移地址并装配 IP 寄存器，以及转向段地址并装配 CS 寄存器，从而完成程序从一个代码段到另一个代码段的转移。

3.3.4 段间间接寻址

段间间接寻址方式仍然用双字内容分别装配 IP 和 CS 来达到段间的转移。

双字内容存放在内存单元中，单元地址是通过指令中的数据寻址方式（除立即寻址方式和寄存器寻址方式外）来取得的，它不像段间直接寻址方式直接在指令中给出。

段间间接寻址方式转移地址的形成过程如图 3.12 所示。

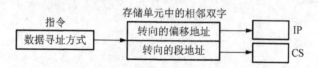

图 3.12 段间间接寻址方式转移地址的形成过程

使用该种寻址方式的转移指令格式举例如下：

```
JMP DWORD PTR [SI]
JMP DWORD PTR [NEXT+BX]
```

为了说明寻址两个字单元，指令中必须加上双字操作符 DWORD。

习 题 3

一、填空题

1. 操作数在内存单元的寻址方式包括_____、_____、_____、_____ 和_____。
2. 立即数与指令一起存放在存储器中程序的_____段。
3. 在寄存器寻址方式中，操作数存放在_____中。
4. 寻找转移地址的寻址方式共有_____种。
5. NEAR 类型转移属于_____转移，而 FAR 类型转移属于_____转移。

二、指出下列指令中源操作数的寻址方式，并说明操作数在哪个段中。

1. MOV AX,[BX]
2. MOV AX,0123H

3. MOV AX,BX
4. MOV AX,[2344H]
5. MOV AX,[BP+6]
6. MOV AX,[BP+DI+8]
7. MOV AX,[BX+SI]
8. MOV AX,1234H[BX][DI]
9. MOV AX,[1234H+BX+SI]
10. MOV AX,DATA1 （DATA1是内存变量名）
11. MOV AX,[DATA1]
12. MOV AX,ES:[DATA1]

三、判断下列操作数的寻址方式的正确性，对正确的，指出其寻址方式；对错误的，说明其错误原因。

1. [AX]
2. BP
3. ES
4. [CX+80H]
5. [DX]
6. BX+80H
7. SI[100H]
8. BH
9. [BL+40H]
10. JNZ BX

四、已知寄存器BX、DI和BP的存储内容分别为12345H、0FFF0H和80H，试分别计算出下列各操作数的偏移地址。

1. [BX]
2. [BP+DI]
3. [234H]
4. [DI+123H]
5. [BX+DI+400H]

五、假设指令执行前各寄存器的值为(DS)=2000H，(BX)=200H，(SI)=10H；数据段存储单元内容如下：

(20200H)=1234H，(20202H)=3412H，(20204H)=1155H，(20206H)=11AAH，
(20208H)=4BB5H，(20210H)=5665H，(20212H)=4CBAH，(21200H)=5679H，

(21210H)=6CCAH，(21212H)=FA6BH。
请说明下列各指令执行后目的操作数寄存器中的值。
1. MOV AX,1200H
2. MOV AX,[1200H]
3. MOV AL,[1200H]
4. MOV AX,BX
5. MOV AX,[BX]
6. MOV AL,[BX]
7. MOV AX,[BX+2]
8. MOV AX,1000H[BX]
9. MOV AX,1000H[BX+SI]
10. MOV AX,[BX+SI]

上机训练 3 掌握 Debug 下各种寻址方式的使用方法

一、实验目的

1. 熟练掌握各种寻址方式。
2. 掌握各种寻址方式在 Debug 下的使用方法。

二、实验内容

1. 在 Debug 下，使用修改寄存器内容命令将下列寄存器赋值。
(DS)=2000H，(BX)=200H，(SI)=10H。
2. 在 Debug 下，使用修改存储单元内容命令将下列存储单元赋值。
(20200H)=1234H，(20202H)=3412H，(20204H)=1155H，(20206H)=11AAH，
(20208H)=4BB5H，(20210H)=5665H，(20212H)=4CBAH，(21200H)=5679H，
(21210H)=6CCAH，(21212H)=FA6BH。
3. 在 Debug 下，使用各种寻址方式，将存储单元中的数据传送到 AX 寄存器。

```
MOV AX,1200H
MOV AX,[1200H]
MOV AX,BX
MOV AX,[BX]
MOV AX,[BX+2]
MOV AX,1000H[BX]
MOV AX,1000H[BX+SI]
```

第4章 8086 指令系统

8086 指令系统是指 8086 CPU 所能执行的指令集合，它确定了 CPU 所能完成的各项功能，是用汇编语言进行程序设计的最基本、最核心部分。

如果不能熟练掌握汇编指令的功能及其使用规定，就不能灵活地运用汇编语言。学习汇编语言，关键在于对汇编指令集的掌握及对 CPU 指令执行方式的理解。

上一章已经介绍了指令的各部分组成和操作数的寻址方式，本章将进一步介绍指令系统中各类指令的功能及 CPU 执行机制。

8086 指令系统按功能可以分成以下几大类：
- 数据传送指令；
- 算术运算指令；
- 十进制调整指令；
- 逻辑运算指令；
- 移位指令；
- 标志位操作指令；
- 字符串操作指令；
- 控制转移指令；
- 伪指令。

4.1 数据传送指令

数据传送指令是以传送数据、地址或立即数到寄存器或存储单元为最终目的的指令。这类指令又分为通用数据传送指令、地址传送指令、标志寄存器传送指令、查表指令及输入/输出指令等。

下面逐一介绍各种数据传送指令。

4.1.1 通用数据传送指令

通用数据传送指令包括传送指令 MOV、堆栈操作指令 PUSH/POP 和交换指令 XCHG 等。

1. 传送指令 MOV

MOV 指令的使用频率最高，为双操作数指令。

MOV 指令格式：

```
MOV OPD,OPS
```

指令功能：(OPD)←(OPS)。这里的 OPD 表示目的操作数，OPS 表示源操作数。MOV 执行的操作为将源操作数 OPS 的值传送给目的操作数 OPD 作为内容。指令执行后，目的操作数的值被重新改写，而源操作数的值保持不变。

指令格式中的 OPD 和 OPS 可以设置为多种情况，具体来说，MOV 指令可以表示为下列格式。

```
MOV Reg/Mem,Reg/Mem/ImData
```

其中，Reg 是 Register（寄存器）的缩写，Mem 是 Memory（存储器）的缩写，ImData 是 Immediate Data（立即数）的缩写。

注意：源操作数和目的操作数不能同时为内存单元；MOV 指令不影响标志位。

例 4.1 指出 OV BH,AL 指令的功能。

假设指令执行前(BH)=22H，(AL)=64H，指令执行后，把 8 位寄存器 AL 的内容传送给 8 位寄存器 BH，使(BH)=(AL)=64H。

例 4.2 指出下列指令实现的功能。

```
MOV DI,SI
MOV DS,AX
```

这两条指令均实现将 16 位源寄存器的值传送到 16 位目的寄存器中，而源寄存器的值不改变。

注意：不能使用 MOV 指令将段寄存器的内容直接传送给另一个段寄存器；目的操作数 OPD 不允许是段寄存器 CS。

如果想将一个段寄存器的内容传送给另外一个段寄存器，则需要借助于其他通用寄存器（常选用 AX 寄存器），请看例 4.3。

例 4.3 用指令实现段寄存器之间的内容传送。

```
MOV AX,DS
MOV ES,AX
```

指令执行操作是借助于通用寄存器 AX，将数据段寄存器（DS）的内容传送给附加段寄存器（ES），这样使得数据段和附加段为同一个段。使用一条指令 MOV ES,DS 来完成上述功能是不合法的。

注意：源操作数和目的操作数必须类型匹配。目的操作数和源操作数要么同为 8 位，要么同为 16 位。

例 4.4 指出下列传送指令是否合法。

```
MOV AX,BL
MOV AX,BX
MOV DL,AX
```

第一条指令将 8 位寄存器内容送给 16 位寄存器,操作数类型不匹配,非法。
第二条指令源操作数和目的操作数都是 16 位,合法。
第三条指令源操作数为 16 位,目的操作数为 8 位,类型不匹配,非法。

例 4.5 指出下列指令实现的功能。

假设指令执行前,(DS)=2000H,(BX)=1000H,(AX)=1234H;存储情况如图 4.1 所示。

```
MOV AL,[BX]
MOV [BX],AH
```

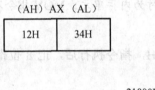

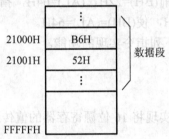

图 4.1 AX 寄存器与存储单元内容

第一条指令的功能为将以寄存器间接寻址方式找到的存储单元 21000H 的内容传送给寄存器 AL。该指令执行后,(AL)=B6H。

第二条指令的功能为将寄存器 AH 的内容传送给存储单元 21000H。该指令执行后,(21000H)=12H。

例 4.6 指出 MOV [BX][SI],AX 指令实现的功能。

假设指令执行前,(DS)=2000H,(BX)=1000H,(SI)=2000H,(AX)=5678H。

该指令的功能是将 AX 的内容传送给用基址变址寻址方式找到的存储字单元中。该指令执行后,(23001H)=56H,(23000H)=78H。

例 4.7 指出下列指令是否合法。

```
MOV AL,0ACH
MOV BX,3C8EH
MOV 76H,AL
MOV CS,3200H
MOV AX,CS
```

第一条指令实现将 8 位立即数传送给寄存器 AL。数字首位为字母的,在前面加 0。本指令合法。

第二条指令实现将 16 位立即数传送给寄存器 BX。本指令合法。

第三条指令是非法指令,原因是立即数不能作为目的操作数。

第四条指令是非法指令,原因是不能把一个立即数直接传送给一个段寄存器,另外 CS 本身也不能作为目的操作数。

第五条指令合法,CS 可以作为源操作数。

2. 堆栈操作指令 PUSH/POP

堆栈是按照先进后出原则定义的特殊存储区域,通常用来保存程序的返回地址。堆栈的段地址存放于 SS 寄存器中,栈顶指针存放于 SP 中。

① PUSH 为进栈操作指令。

PUSH 指令格式:

```
PUSH OPS
```

指令功能:

(SP)←(SP)-2

((SP)+1,(SP))←(OPS)

指令说明:指令中 OPS 为字类型的源操作数,目的操作数为隐含的堆栈栈顶字单元。源操作数可以为通用寄存器、全部段寄存器或存储单元,但不能是立即数。

PUSH 指令完成将源操作数内容压入堆栈栈顶的操作,指令操作顺序为先移动栈顶指针,后进行入栈操作。

例 4.8 指出 PUSH BX 指令实现的功能。

假设指令执行前,(BX)=3000H,(SS)=2100H,(SP)=1104H。

指令执行时,栈顶指针 SP 内容减 2,并给 SP 重新赋值,使 SP 指向新栈顶;然后使 BX 的高位字节内容 30H 先入栈,再使低位字节内容入栈。该指令的执行结果如图 4.2 所示。

② POP 为出栈指令。

POP 指令格式:

```
POP OPD
```

指令功能:

(OPD)←((SP)+1,(SP))

(SP)←(SP)+2

指令说明:指令中 OPD 为目的操作数,可以是通用寄存器、除 CS 之外的段寄存器或存储单元,但不能是立即数。源操作数为隐含的堆栈栈顶字单元。

POP 指令完成将堆栈栈顶字单元的内容弹出到目的操作数的操作,指令操作顺序为先进行出栈操作,后移动栈顶指针。

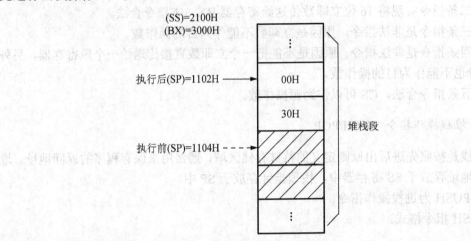

图 4.2 PUSH BX 指令的执行结果

例 4.9 指出 POP BX 指令实现的功能。

假设指令执行前,(BX)=3565H,(SS)=2100H,(SP)=1200H。堆栈存储情况如图 4.3 所示。

指令执行时,栈顶字单元内容出栈,并传送到 BX 寄存器,高地址单元字节内容传送到 BX 的高位字节,低地址单元字节内容传送到 BX 的低位字节;栈顶指针 SP 内容加 2,并给 SP 重新赋值,从而指向新栈顶。

指令执行后,(BX)=616AH。

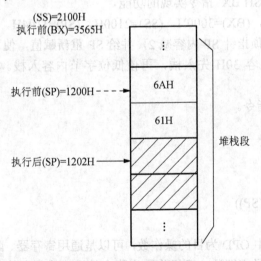

图 4.3 堆栈存储情况

注意：PUSH 和 POP 指令均不影响标志位。

3. 交换指令 XCHG

XCHG 指令格式：

```
XCHG OPD,OPS
```

指令功能：(OPD)←→(OPS)，即将两个操作数相交换。

指令说明：XCHG 指令是内容交换指令，两个操作数可分别为寄存器或内存单元。该指令的主要作用是交换两个寄存器、寄存器和内存单元之间的内容。

使用该指令时，需要注意以下规定：两个操作数的数据类型要求一致；必须保证有一个操作数在寄存器中；不能与段寄存器交换数据；存储单元间不能直接交换数据。

该指令的功能和 MOV 指令不同，MOV 指令只是修改目的操作数，而 XCHG 指令使两个操作数都发生改变。

该指令可采用除立即寻址以外的任何寻址方式，且不影响标志位，执行过程如图 4.4 所示。

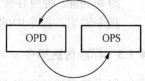

图 4.4　XCHG 指令执行过程

例 4.10　指出 XCHG BX,AX 指令实现的功能。

假设执行前，(AX)=0B364H，(BX)=7346H。

指令执行后，AX 和 BX 的值相交换，即(AX)=7346H，(BX)=0B364H。

例 4.11　指出 XCHG BX,[BP][DI]指令实现的功能。

假设执行前，(BX)=1238H，(BP)=0100H，(DI)=0200H，(SS)=3A00H，(3A300H)=5252H。

指令执行后，堆栈中的 3A300H 字单元内容与 BX 的值相交换，即(3A300H)=1238H，(BX)=5252H。

4.1.2　地址传送指令

地址传送指令包括 LEA、LDS 和 LES。

1. 偏移地址传送指令 LEA

LEA 指令格式：

```
LEA REG,VAR_NAME
```

指令功能：将内存变量 VAR_NAME 的偏移地址传送到指定的寄存器中。

指令说明：指令中的目的操作数要求为 16 位的寄存器。

2. 传送指针到指定寄存器和 DS 的装载指令 LDS

LDS 指令格式：

```
LDS REG,POINTER
```

指令功能：将内存变量 POINTER 指定的连续 4 个字节内容传送到指定寄存器和 DS，其中，低地址字送指定寄存器，高地址字送 DS。

功能说明：作为目的操作数的寄存器常指定 SI 或 BX。

3. 传送指针到指定寄存器和 ES 的装载指令 LES

LES 指令格式：

```
LES REG,POINTER
```

指令功能：将内存变量 POINER 指定的连续 4 个字节内容传送到指定寄存器和 ES。

指令说明：指令中的寄存器常指定为 DI。

4.1.3 标志传送指令

标志寄存器传送指令包括 LAHF、SAHF、PUSHF 及 POPF 等指令。

1. 取标志指令 LAHF

LAHF 指令格式：

```
LAHF
```

指令功能：将标志寄存器的低 8 位内容传送到 AH 寄存器。

2. 设置标志指令 SAHF

SAHF 指令格式：

```
SAHF
```

指令功能：将 AH 寄存器内容传送到标志寄存器的低 8 位。

3. 标志进栈指令 PUSHF

PUSHF 指令格式：

```
PUSHF
```

指令功能：SP 先减 2，再将标志寄存器的值压入堆栈顶部。

4. 标志出栈指令 POPF

POPF 指令格式：

```
POPF
```

指令功能：从堆栈的顶部弹出两字节内容并传送到标志寄存器中，再将 SP 加 2。

4.1.4 查表指令

查表指令又称换码指令，有两个隐含操作数：一个是 BX 寄存器，另一个是 AL 寄存器。

XLAT 指令格式：

```
XLAT/XLATB
```

指令功能：使用该指令前，要求将内存数据段中数据表的首地址存放于 BX 寄存器中，元素在表内的偏移地址存放于 AL 寄存器。使用该指令能够查找到由 BX 和 AL 指定的表内元素值，并传送到 AL 寄存器，可表示为 AL←((BX)+(AL))。

注意：
- 查表指令只能实现字节数据传送，所以内存表格的最大容量为 256 字节。本指令不影响标志位。
- 查表指令一般应用于求解复杂函数值或换码。

例 4.12 说明下面程序段执行后 AL 寄存器的值。

```
TABLE DB 11H,22H,33H,44H,55H,66H,77H,88H
LEA BX,TABLE
MOV AL,03H
XLAT
```

TABLE 为程序在内存数据段中定义的数组（表）名称。LEA 指令将表的首地址存放于 BX 寄存器中，MOV 指令将被查找元素距表首地址的位移量存放于 AL 寄存器中，查表指令 XLAT 实现将表内的第 4 个元素（距表首地址位移量为 3）值传送至 AL 寄存器。综上所述，AL 寄存器的值为 44H。

输入/输出指令将在 5.7 节中介绍，在此从略。

4.2 算术运算指令

算术运算指令反映了 CPU 对数据的运算处理能力，它包括加、减、乘、除等基本运算。该组指令的操作数可以为 8 位，也可以为 16 位。当操作数据存储在内存单元中时，可采用任意的内存寻址方式。

4.2.1 加法指令

1. 加法指令 ADD

ADD 指令格式：

```
ADD OPD,OPS
```

指令功能：(OPD)←(OPS)+(OPD)，即源操作数与目的操作数的值相加，并将和存放于目的操作数。OPD 可为寄存器或内存单元，OPS 可为寄存器、内存单元或立即数。

注意：
- 两个内存操作数不能直接相加。
- 段寄存器不能作为 OPD 或 OPS。
- 受影响的标志位有 AF、CF、OF、PF、SF 和 ZF。

CF 根据数据最高位（D_7 或 D_{15}）是否产生进（借）位而设置：有进（借）位时 CF=1，无进（借）位时 CF=0。

OF 根据有符号数的运算结果而设置：若两个操作数的符号相同，而结果的符号与之相反时 OF=1，否则为 OF=0。

ZF 根据运算结果而设置：不等于 0 时 ZF=0，等于 0 时 ZF=1。

SF 根据结果的符号位值而设置：若最高位为 0，则 SF=0。

AF 根据相加时低半字节是否向高半字节有进（借）位而设置：有进（借）位时 AF=1，无进（借）位时 AF=0。

PF 根据运算结果二进制数中 1 的个数而设置：1 的个数为奇数时 PF=0，为偶数时 PF=1。

例 4.13 请判断下面程序段中加法指令 ADD AX,BX 执行后，AF、CF、OF、PF、SF 和 ZF 等各标志位的值。

```
MOV BX,465AH
MOV AX,55B6H
ADD AX,BX
```

可把寄存器 AX 和 BX 中的数据展开成二进制形式后再相加，可得到如下标志值：AF=1；CF=0；OF=1；PF=0；SF=1；ZF=0。

2. 带进位加法指令 ADC

ADC 指令格式：

```
ADC OPD,OPS
```

指令功能：将目的操作数、源操作数和 CF 值相加，结果放至目的操作数中。

指令说明：受该指令影响的标志位有 AF、CF、OF、PF、SF 和 ZF。

例 4.14 用 16 位寄存器实现两个 32 位二进制数求和。第一个数的高 16 位存放于 BX 中，低 16 位存放于 AX 中；第二个数的高 16 位存放于 DX 中，低 16 位存放于 CX 中。

程序段如下：

```
MOV BX,1234H
MOV AX,2345H
MOV DX,3456H
MOV CX,4567H
ADD AX,CX
ADC BX,DX
```

两数之和的高 16 位存放于 BX 中，低 16 位存放于 AX 中。

3. 加 1 指令 INC

INC 指令格式：

```
INC OPR
```

指令功能：将 OPR 加 1 后并给 OPR 重新赋值。

指令说明：OPR 可以是 8/16 位的寄存器或存储器操作数，但不能是立即数和段寄存器。受该指令影响的标志位有 AF、OF、PF、SF 和 ZF，但 CF 不受影响。

4.2.2 减法指令

1. 减法指令 SUB

SUB 指令格式：

```
SUB OPD,OPS
```

指令功能：目的操作数与源操作数相减，差值放回到目的操作数中。

指令说明：受该指令影响的标志位有 AF、CF、OF、PF、SF 和 ZF。

2. 带借位减法指令 SBB

SBB 指令格式：

```
SBB OPD,OPS
```

指令功能：目的操作数与源操作数的差值再减去借位 CF 值，结果放回到目的操作数中。

指令说明：受该指令影响的标志位有 AF、CF、OF、PF、SF 和 ZF。

3. 减 1 指令 DEC

DEC 指令格式：

```
DEC OPS
```

指令功能：操作数值减 1，结果放回到操作数中。

指令说明：受该指令影响的标志位有 AF、OF、PF、SF 和 ZF，但 CF 标志不受影响。

4. 求补指令 NEG

NEG 指令格式：

```
NEG OPR
```

指令功能：求操作数的相反数，即用 0 减去操作数，结果再返回到操作数中。求补运算也可表达成，将操作数按位取反后加 1。

指令说明：受该指令影响的标志位有 AF、CF、OF、PF、SF 和 ZF。

5. 比较指令 CMP

CMP 指令格式：

```
CMP OP1,OP2
```

指令功能：相当于减法指令，实现两个操作数相减，但结果不回送；该指令影响标志位，其他相关指令通过标志位的变化情况来得知比较结果。在该指令之后，往往使用条件转移指令实现程序的分支。

指令说明：受该指令影响的标志位有 CF、OF、SF 和 ZF。

对于两个操作数是无符号数的情况，比较结果不可能溢出。根据 CF 和 ZF 标志，就可判断出两个操作数的大小。如果 ZF 为 1，说明比较结果为 0，两操作数相等；如果 ZF 为 0，又有 CF 为 1，表示有借位，则 OP1<OP2，否则 OP1>OP2。

对于两个操作数是有符号数的情况，比较结果有溢出的可能，这时就要根据 SF 和 OF 标志来综合判断两个操作数的大小。

4.2.3 乘法指令

1. 无符号数乘法指令 MUL

MUL 指令格式：

```
MUL OPS
```

指令功能：目的操作数为隐含的 AL 或 AX 寄存器，源操作数为寄存器或存储单元。能够将源操作数与隐含操作数的值相乘，并将乘积存放于指定寄存器中。

当完成 8 位二进制数乘法运算时，隐含的目的操作数为 8 位的 AL 寄存器，源操作数也为 8 位，乘积结果存放在 AX 寄存器中。

当完成 16 位二进制数乘法运算时，隐含的目的操作数为 16 位的 AX 寄存器，源操作数也为 16 位，乘积结果的高位字存放在 DX 中，低位字存放在 AX 中。

受该指令影响的标志位有 CF 和 OF（AF、PF、SF 和 ZF 无定义）。

例 4.15 求两个 8 位二进制数乘积的程序段。

程序段如下：

```
MOV AL,78H
MOV BL,08H
MUL BL
```

乘积存放在 AX 寄存器中。

2. 有符号数乘法指令 IMUL

IMUL 指令格式：

```
IMUL OPS
```

指令功能：完成有符号数的乘法运算。隐含操作数使用规则和乘积存放位置同 MUL 指令。

指令说明：受该指令影响的标志位有 CF 和 OF（AF、PF、SF 和 ZF 无定义）。

4.2.4 除法指令

1. 无符号数除法指令 DIV

DIV 指令格式：

```
DIV OPS
```

指令功能：目的操作数为隐含的 AX 寄存器或 DX、AX 寄存器，源操作数为寄存器或存储单元。用源操作数值去除隐含的操作数值，并将商和余数分别存放于指定的寄存器中。

当除数为 8 位时，被除数要求为 16 位，并存放在 AX 寄存器中。商存放在 AL 寄存器中，余数存放在 AH 寄存器中。

当除数为 16 位时，被除数要求为 32 位，并存放在 DX、AX 寄存器中。商存放在 AX 寄存器中，余数存放在 DX 寄存器中。

该指令对标志位的影响无意义。

例 4.16 求 32 位二进制数除以 16 位二进制数的程序段。

程序段如下：

```
MOV DX,6622H
MOV AX,3B06H
MOV BX,2334H
DIV BX
```

运算结果的商存放在 AX 寄存器中，余数存放在 DX 寄存器中。

2. 有符号数除法指令 IDIV

IDIV 指令格式：

```
IDIV OPS
```

指令功能：完成有符号数的除法运算。隐含操作数的使用规则和运算结果存放位置同 DIV 指令。

指令说明：受该指令影响的标志位有 AF、CF、OF、PF、SF 和 ZF。

4.3 十进制调整指令

十进制调整指令是在二进制数计算的基础上，给予十进制数调整，得到十进制数的结果。

在计算机中，表示十进制数的 BCD 码可以用压缩型和非压缩型两种方式来表示。

压缩型 BCD 码用 4 位二进制数表示一位十进制数。例如，(AL)=89H，可将其内容视为用压缩 BCD 码表示的十进制数 89。

非压缩型 BCD 码用 8 位二进制数表示一位十进制数，其中低 4 位为 BCD 码，高 4 位无意义。

当使用 ADD、ADC 及 SUB、SBB 指令进行二进制数的加、减运算时，运算规则是逢二进一，借一当二，这显然与十进制的运算规则不相符合，因此使用加、减指令对 BCD 码运算后，必须经过调整才能得到正确结果。

十进制调整指令包括压缩 BCD 码调整指令和非压缩 BCD 码调整指令。

1. 十进制加法调整指令 DAA

DAA 指令格式：

```
DAA
```

指令功能：该指令执行前必须先执行 ADD 或 ADC 指令，而且加法指令是把两个压缩的 BCD 码相加，并把结果存放在 AL 寄存器中。

- 如果 AL 值的低 4 位大于 9，或标志位 AF=1，那么(AL)=(AL)+6，并置 AF=1。
- 如果 AL 的高 4 位大于 9，或标志位 CF=1，那么(AL)=(AL)+60H，并置 CF=1。

- 如果以上两点都不成立,则清除标志位 AF 和 CF。

指令说明:两个压缩型 BCD 码相加,经过 DAA 指令调整后,得到的结果还是压缩型 BCD 码。

受该指令影响的标志位有 AF、CF、PF、SF 和 ZF(OF 无定义)。

例 4.17 将 AL、BL 中存放的十进制数 48 和 89 相加,结果存放在 AL 中。

程序段如下:

```
MOV AL,48H
MOV BL,89H
ADD AL,BL
DAA
```

加法指令 ADD 执行后,(AL)=D1H,这显然不是我们想要的十进制结果。经过 DAA 指令调整后,(AL)=37H,可将十六进制数 37H 看成十进制结果的低 2 位数字。

2. 十进制减法调整指令 DAS

DAS 指令格式:

```
DAS
```

指令功能:该指令用于调整 AL 中由指令 SUB 或 SBB 运算得到的压缩型 BCD 码结果。

- 如果 AL 的低 4 位大于 9,或标志位 AF=1,那么(AL)=(AL)-6,并置 AF=1。
- 如果 AL 的高 4 位大于 9,或标志位 CF=1,那么(AL)=(AL)-60H,并置 CF=1。
- 如果以上两点都不成立,则清除标志位 AF 和 CF。

两个压缩型 BCD 码相减,经过 DAS 调整后,得到的结果仍是压缩型 BCD 码。

指令说明:受该指令影响的标志位有 AF、CF、PF、SF 和 ZF(OF 无定义)。

3. 非压缩的加法调整指令 AAA

AAA 指令格式:

```
AAA
```

指令功能:执行之前必须先执行 ADD 或 ADC 指令,加法指令必须把两个非压缩的 BCD 码相加,并把结果存放在 AL 寄存器中。

- 如果 AL 的低 4 位大于 9,或标志位 AF=1,那么(AH)=(AH)+1,(AL)=(AL)+6,并置 AF 和 CF 为 1,否则,只置 AF 和 CF 为 0。
- 清除 AL 内容的高 4 位。

指令说明:受该指令影响的标志位有 AF 和 CF(OF、PF、SF 和 ZF 等无定义)。

4. 非压缩的减法调整指令 AAS

AAS 指令格式:

```
AAS
```

指令功能:执行之前必须先执行 SUB 或 SBB 指令,减法指令实现两个非压缩的 BCD 码相减,并将结果存放在 AL 寄存器中。
- 如果 AL 的低 4 位大于 9,或标志位 CF=1,那么(AH)=(AH)-1,(AL)=(AL)-6,并置 AF 和 CF 为 1,否则,只置 AF 和 CF 为 0。
- 清除 AL 内容的高 4 位。

指令说明:受该指令影响的标志位有 AF 和 CF(OF、PF、SF 和 ZF 等无定义)。

4.4 逻辑运算指令

逻辑运算指令是数据处理的另一类重要指令,包括逻辑与指令 AND、逻辑或指令 OR、逻辑非指令 NOT、异或指令 XOR 和测试指令 TEST。

AND、OR、XOR 及 TEST 指令都是双操作数指令,两个操作数的类型必须匹配,而且不能同为内存操作数。

1. 逻辑与指令 AND

AND 指令格式:

```
AND OPD,OPS
```

指令功能:将源操作数的每一位二进制数字与目的操作数中的对应位相与,结果存放于目的操作数中。

指令说明:受该指令影响的标志位有 CF、OF、PF、SF 和 ZF,AF 无定义。指令执行后,将使 CF=0,OF=0。

AND 指令的典型用法是,屏蔽某些位,即使某些位为 0。

例 4.18 屏蔽 AL 中数据的高 4 位,低 4 位数据不改变。

屏蔽 AL 中的高 4 位数据,即要求将高 4 位数据清零,而低 4 位数据保持不变。为实现此要求,将 AL 中高 4 位数据分别与 0000B 对应位相与,而低 4 位数据分别与 1111B 对应位相与即可。

程序段如下:

```
MOV AL,37H
AND AL,0FH
```

AND 指令执行后，(AL)=07H。

2. 逻辑或指令 OR

OR 指令格式：

```
OR OPD,OPS
```

指令功能：将源操作数的每一位二进制数与目的操作数中的对应位相或，结果存放于目的操作数中。

指令说明：受该指令影响的标志位有 CF、OF、PF、SF 和 ZF，AF 无定义。指令执行后，将使 CF=0,OF=0。

OR 指令的典型用法是，使某些位置 1。

例 4.19 将 AL 中数据的第 0 位、第 1 位数字置 1，其他位数字不改变。

程序段如下：

```
MOV AL,30H
OR AL,00000011B
```

OR 指令执行后，(AL)=33H。

3. 逻辑非指令 NOT

NOT 指令格式：

```
NOT OPR
```

指令功能：将操作数中的数据逐位取反，并将结果存放于源操作数中。

指令说明：该指令不影响任何标志位。

注意：NOT 指令的操作数不能为段寄存器和立即数。

例 4.20 将 AL 中的数据逐位取反。

程序段如下：

```
MOV AL,81H
NOT AL
```

NOT 指令执行后，(AL)=7EH。
注意本指令和 NEG 指令的区别。

4. 异或指令 XOR

XOR 指令格式：

```
XOR OPD,OPS
```

指令功能：将源操作数的每位二进制数字与目的操作数中的对应位相异或，结果存放于目的操作数中。

指令说明：受该指令影响的标志位有 CF、OF、PF、SF 和 ZF，AF 无定义。指令执行后，将使 CF=0，OF=0。

XOR 指令的典型用法是，使某个操作数清零；使操作数的某些位取反。

例 4.21 将 AX 寄存器清零。

实现该要求，使用一条指令即可，即 XOR AX,AX。

例 4.22 已知(AL)=45H，要求将该数据的第 0、3、5 位取反，其他位不变。

1 异或某位二进制数字，使该位数字取反；0 异或该位二进制数字，使该位数字保持不变。这样，可以构造一个 8 位的二进制立即数，该立即数的第 0、3、5 位为 1，其他位为 0，使之与 AL 中的数据相异或，即可实现对应位取反功能。

程序段如下：

```
MOV AL,45H
XOR AL,00101001B
```

异或指令执行后，(AL)=01101100B。

5. 测试指令 TEST

TEST 指令格式：

```
TEST OP1,OP2
```

指令功能：两个操作数相与，但结果不保存。

指令说明：受该指令影响的标志位有 CF、OF、PF、SF 和 ZF，AF 无定义。指令执行后，将使 CF=0，OF=0。

TEST 指令的典型用法是，在不改变操作数 OP1 的情况下，检测其某一位或某几位的条件是否满足。使测试操作数 OP2 中的测试位为 1，其余位为 0，相与后再根据标志位 ZF 的值，即可判断被测试位的值是否为 1。

例 4.23 检测 AL 中的第 0 位是否为 1，若为 1，则跳转。

程序段如下：

```
MOV AL,45H
TEST AL,00000001B
JNZ LOP
...
LOP:...
```

4.5 移位指令

移位指令的种类较多,包括逻辑移位指令、算术移位指令和循环移位指令。
所有的移位指令都影响标志位 CF、OF、PF、SF 和 ZF,AF 无定义。

4.5.1 逻辑移位指令

逻辑移位指令包括逻辑左移指令 SHL 和逻辑右移指令 SHR。

1. 逻辑左移指令 SHL

SHL 指令格式:

SHL OP,1

或

SHL OP,CL

说明:如果移动 1 位,使用前种格式;如果移动多位,使用后种格式。

指令功能:每次向左移动 1 位,操作数 OP 最高位移出到标志位 CF 中,最低位补 0,如图 4.5 所示。

该指令的操作数不能为立即数或段寄存器,但可使用通用寄存器和各种寻址方式的存储器操作数。

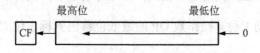

图 4.5 逻辑左移指令 SHL 功能示意

例 4.24 将 AL 中的数据逻辑左移 4 位。
程序段如下:

```
MOV AL,45H
SHL AL,1
SHL AL,1
SHL AL,1
SHL AL,1
```

或

```
MOV AL,45H
MOV CL,4
```

```
SHL AL,CL
```

例 4.25 将 AL 中的数据乘以 4。

向左移动 1 位相当于无符号数乘以 2，如求数据与 4 的乘积，将 AL 中的数据左移 2 位即可。

程序段如下：

```
MOV AL,05H
SHL AL,1
SHL AL,1
```

寄存器 AL 中的数据向左移动 2 位后，变为 010100B，十进制数值为 20，即 5 与 4 的乘积。

思考：逻辑左移相当于无符号数乘以 2，那么逻辑右移呢？"逻辑左移相当于乘以 2"是否总是成立？

2. 逻辑右移指令 SHR

SHR 指令格式：

```
SHR OP,1
```

或

```
SHR OP,CL
```

说明：如果移动 1 位，使用前种格式；如果移动多位，使用后种格式。

指令功能：每移动 1 位，操作数 OP 的最低位移出到标志位 CF 中，最高位补 0，如图 4.6 所示。

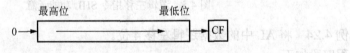

图 4.6 逻辑右移指令 SHR 功能示意

4.5.2 算术移位指令

算术移位指令包括算术左移指令 SAL 和算术右移指令 SAR。

1. 算术左移指令 SAL

SAL 指令格式：

```
SAL OP,1
```

或

```
SAL OP,CL
```

指令功能：与 SHL 指令完全相同。

2. 算术右移指令 SAR

SAR 指令格式：

```
SAR OP,1
```

或

```
SAL OP,CL
```

指令功能：每移动 1 位，操作数依次向右移动 1 位，最高位保持符号位不变，最低位移出到标志位 CF 中，如图 4.7 所示。

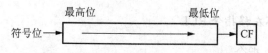

图 4.7　算术右移指令 SAR 功能示意

例 4.26　将 AL 中的数据算术右移 4 位。
程序段如下：

```
MOV AL,95H
MOV CL,4
SAR AL,CL
```

算术右移指令执行后，(AL)=11111001B。

4.5.3　循环移位指令

循环移位指令包括操作数自身循环移位指令和带进位循环移位指令。

1. 循环左移指令 ROL

ROL 指令格式：

```
ROL OP,1
```

或

```
ROL,CL
```

指令功能：每移动 1 位，操作数的最高位移出并送到 CF 标志位和最低位，如图 4.8 所示。

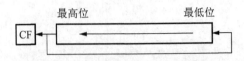

图 4.8 循环左移指令 ROL 功能示意

2. 循环右移指令 ROR

ROR 指令格式同 ROL 指令。

指令功能：每移动 1 位，操作数的最低位移出并送到 CF 标志位和最高位，如图 4.9 所示。

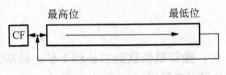

图 4.9 循环右移指令 ROR 功能示意

3. 带进位的循环左移指令 RCL

指令格式同 ROL 指令。

指令功能：每移动 1 位，操作数的最高位移出并送到 CF 标志位，再将 CF 标志位送到最低位，如图 4.10 所示。

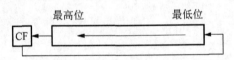

图 4.10 带进位的循环左移指令 RCL 功能示意

4. 带进位的循环右移指令 RCR

指令格式同 ROL 指令。

指令功能：每移动 1 位，操作数的最低位移出并送到 CF 标志位，再将 CF 标志位送到最高位，如图 4.11 所示。

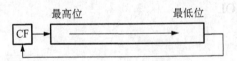

图 4.11 带进位的循环右移指令 RCR 功能示意

4.6 标志位操作指令

标志位操作指令能够实现对 CPU 内标志寄存器的单独位操作。本节内容只就常用的标志位操作指令加以介绍。

1. CF 标志操作指令 CLC

指令格式：CLC
指令功能：将 CF 标志位清零。

2. CF 标志操作指令 STC

指令格式：STC
指令功能：将 CF 标志位置 1。

3. 方向标志操作指令 CLD

指令格式：CLD
指令功能：将方向标志位清零。在字符串操作中使变址寄存器 SI 和 DI 的值能够按照由低地址向高地址方向自动递增。

4. 方向标志操作指令 STD

指令格式：STD
指令功能：将方向标志位置 1。在字符串操作中使变址寄存器 SI 和 DI 的值能够按照由高地址向低地址方向自动递减。

5. 中断标志操作指令 CLI

指令格式：CLI
指令功能：将中断标志位清零。IF=0，表示 CPU 屏蔽外部可屏蔽中断。

6. 中断标志操作指令 STI

指令格式：STI
指令功能：将中断标志位置 1。IF=1，表示 CPU 开放外部可屏蔽中断。

4.7 字符串操作指令

字符串操作指令的实质是对连续的存储单元进行数据处理。连续存储单元的地址由隐含指针 DS:SI 或 ES:DI 来指定。字符串操作指令与重复前缀（相当于循环指令）相配合，可以依次对字符串按字节或字进行处理。

串操作指令都要求把串的首元素地址或末元素地址存放在指定的变址寄存器中，处理完一个串元素后，会根据元素所含字节数使变址寄存器内容自动增减 1 或 2。

1. 串传送指令 MOVSB/MOVSW

指令格式：

```
MOVSB/MOVSW
```

指令功能：MOVSB 指令完成字节型串传送，把 DS:SI 所指向的字节型数据传送到由 ES:DI 指向的内存单元中。当标志位 DF=0 时，完成指针调整(SI)←(SI)+1，(DI)←(DI)+1；当 DF=1 时，完成(SI)←(SI)-1，(DI)←(DI)-1。

MOVSW 指令完成字型串传送，把 DS:SI 所指向的字型数据传送到由 ES:DI 指向的内存单元中。当标志位 DF=0 时，完成指针调整(SI)←(SI)+2，(DI)←(DI)+2；当 DF=1 时，完成(SI)←(SI)-2，(DI)←(DI)-2。

串传送指令能够将内存单元数据，不经过 CPU 内部寄存器就传送到另一区域的内存单元。这项功能是 MOV 指令做不到的。

2. 存入数据到串中指令 STOSB/STOSW

指令格式：

```
STOSB/STOSW
```

指令功能：STOSB 指令进行的是字节型数据操作，能够把 AL 中的数据存储到由 ES:DI 指向的内存单元中。当标志位 DF=0 时，完成(DI)←(DI)+1；当 DF=1 时，完成(DI)←(DI)-1。

STOSW 指令进行的是字型数据操作，能够把 AX 中的数据存储到由 ES:DI 指向的内存单元中。当标志位 DF=0 时，完成(DI)←(DI)+2；当 DF=1 时，完成(DI)←(DI)-2。

STOS 指令的作用是：以 AL 或 AX 中的数据填充附加段中的连续存储区域。

3. 从串中取数据指令 LODSB/LODSW

指令格式：

```
LODSB/LODSW
```

指令功能：LODSB 指令进行的是字节型数据操作，从内存数据段由 DS:SI 所指定的单元中取出一个字节数据，送到 AL 中。当标志位 DF=0 时，(SI)←(SI)+1；当 DF=1 时，(SI)←(SI)-1。

LODSW 指令进行的是字型数据操作，从内存数据段由 DS:SI 所指定的单元中取出一个字型数据，送到 AX 中。当标志位 DF=0 时，(SI)←(SI)+2；当 DF=1 时，(SI)←(SI)-2。

串操作指令会简化通常的数据传送编程。

4. 重复操作前缀指令 REP

重复操作前缀指令 REP 可以与 MOVS、STOS 和 LODS 等串操作指令相配合，完成串元素的重复传送、存储与读取。

REP 指令格式：

```
REP MOVSB/MOVSW
REP STOSB/STOSW
RET LODSB/LODSW
```

指令功能：

第一步，判断 CX 内容是否为 0，如果(CX)=0，则退出 REP 的执行；

第二步，(CX)←(CX)-1；

第三步，执行一次串操作；

第四步，返回第一步重新执行。

从以上指令执行步骤可以看出，在使用串操作指令之前，要事先完成编程初始化工作，即先确定相关寄存器 SI、DI、DF 及 CX（重复操作次数）的值。

5. 串比较指令 CMPS

CMPS 指令格式：

```
CMPSB/CMPSW
```

指令功能：CMPSB 指令进行字节型串比较，把 DS:SI 所指向的内存单元字节型数据与 ES:DI 所指向单元的字节内容相减，并把比较结果反映到相关标志位。当标志位 DF=0 时，完成(SI)←(SI)+1，(DI)←(DI)+1；当 DF=1 时，完成(SI)←(SI)-1，(DI)←(DI)-1。

CMPSW 指令进行字型串比较，把 DS:SI 所指向的一个字型数据与 ES:DI 所指向单元的字内容相减，并把比较结果反映到相关标志位。当标志位 DF=0 时，完成(SI)←(SI)+2，(DI)←(DI)+2；当 DF=1 时，完成(SI)←(SI)-2，(DI)←(DI)-2。

受该指令影响的标志位有 AF、CF、OF、PF、SF 和 ZF。

CMPS 指令的典型用法是比较两个字符串是否一致。

6. 串扫描指令 SCAS

SCAS 指令格式：

```
SCASB/SCASW
```

指令功能：SCASB 指令是将 AL 中的数据与字节型串元素相比较，用 AL 中的数据减去由 ES:DI 所指向的字节型数据，并将结果反映到相关标志位。当标志位 DF=0 时，完成(DI)←(DI)+1；当 DF=1 时，完成(DI)←(DI)-1。

SCASW 指令是将 AX 中的数据与字型串元素相比较，用 AX 中的数据减去由 ES:DI 所指向的字型数据，并将结果反映到相关标志位。当标志位 DF=0 时，完成(DI)←(DI)+2；当 DF=1 时，完成(DI)←(DI)-2。

受该指令影响的标志位有 AF、CF、OF、PF、SF 和 ZF。

SCAS 指令的典型用法是，查找串中是否含有某个元素值。

7. 重复操作前缀指令 REPZ 和 REPNZ

重复前缀指令 REPZ 和 REPNZ 与串比较指令 CMPS、串扫描指令 SCAS 联合使用。这两种重复前缀指令的执行过程不仅依赖 CX 的值，还依赖于 ZF 标志位。

指令格式：

```
REPZ CMPS
REPNZ CMPS
REPZ SCAS
REPNZ SCAS
```

指令功能（以 REPZ 为例）：REPZ 重复前缀指令在标志位 ZF=1（比较元素相等）的条件下进行重复串操作，步骤如下：

第一步，如(CX)=0 或 ZF=0（即比较元素不等）时退出；
第二步，(CX)←(CX)-1；
第三步，执行一次串操作；
第四步，返回第一步重新执行。

4.8 控制转移指令

在汇编语言中，可以修改 IP，或同时修改 CS 和 IP 的指令统称为控制转移指令。控制转移指令可以控制程序的执行顺序。

控制转移指令常用于实现分支、循环、过程等程序结构，是仅次于数据传送指令的最常用指令。

控制转移指令可分为无条件转移指令、条件转移指令、循环控制转移指令、子程序调用和返回指令、中断调用和返回指令。

本节内容只介绍前两种转移指令，后 3 种转移指令在以后相关章节中介绍。

4.8.1 无条件转移指令

无条件转移指令 JMP 能够实现程序在同一代码段内的转移（只需修改 IP 值），也能实现在不同代码段间的转移（需要同时修改 CS 和 IP）。

JMP 指令的一般格式：

```
JMP 目标地址
```

指令功能：使程序无条件地转移到指令中给出的目标地址去执行。

根据目标地址寻址方式的不同，JMP 指令又分为两种形式：直接转移和间接转移。

1. 段内直接短跳转

指令格式：

JMP SHORT 地址标号

指令功能：(IP)←(IP)+8 位位移量，转移范围为-128～+127 字节。

注意：段内直接短跳转指令中的 SHORT 可以省略。

例 4.27 段内直接短跳转指令的应用。
程序段如下：

```
      ...
      MOV AX,0
LABL: ADD AX,1
      NOP
      JMP SHORT LABL
      ...
```

2. 段内直接近转移

指令格式：

JMP NEAR PTR 地址标号

指令功能：(IP)←(IP)+16 位位移量，转移范围为-32 768～+32 767 字节。

3. 段内间接转移

指令格式 1：

JMP 存放转移地址的寄存器名称

例如，JMP AX、JMP BX 等。

指令格式 2：

JMP 内存地址

例如：

```
JMP WORD PTR DS:[0]
JMP WORD PTR [BX]
JMP WORD PTR [BP+SI]
```

指令功能：段内间接转移指令转向的 16 位偏移地址存放在一个 16 位寄存器或字存储单元中。当指令执行时，会发生(IP)←16 位寄存器或存储字单元的内容（偏移地址）。

· 71 ·

例 4.28 请确定下面程序段中 JMP 指令的转移地址。

假设(DS)=3000H，(32000)=34H，(32001)=56H。程序段如下：

```
MOV BX,2000H
JMP BX
...
MOV BX,2000H
JMP WORD PTR [BX]
...
```

第一条 JMP 指令的转移地址存放在 BX 中。当指令执行时，(IP)←(BX)=2000H。
第二条 JMP 指令的转移地址存放在内存 3000:2000H 开始的字单元中。当指令执行时，(IP)←(32000,32001)=5634H。

4. 段间直接转移

指令格式1：

```
JMP 段地址:偏移地址
```

例如，JMP 0100H:0040H。

指令格式2：

```
JMP FAR PTR 地址标号
```

例如，JMP FAR PTR FARLABL。
指令功能：(CS)←段地址；(IP)←偏移地址。

5. 段间间接转移

指令格式：

```
JMP DWORD PTR 内存地址
```

指令功能：(CS)←指定单元中高地址字内容；(IP)←指定单元中低地址字内容。

4.8.2 条件转移指令

条件转移指令能够依据上一条指令所设置的一个（或多个）标志位来决定是否转移。所有条件转移指令都属于短跳转指令类。

条件转移指令分为 3 类：基于无符号数运算的条件转移指令、基于有符号数运算的条件转移指令和特殊判断依据条件转移指令。

条件转移指令的一般格式：

```
JXX LABL
```

其中，LABL 为地址标号。

1. 基于无符号数运算的条件转移指令

（1）JZ（或 JE）指令
转移条件：ZF=1。
指令功能：结果为零(或相等)则转移。

（2）JNZ（或 JNE）指令
转移条件：ZF=0。
指令功能：结果不为零(或不相等)则转移。

（3）JS 指令
转移条件：SF=1。
指令功能：结果为负则转移。

（4）JNS 指令
转移条件：SF=0。
指令功能：结果为正则转移。

（5）JO 指令
转移条件：OF=1。
指令功能：结果溢出则转移。

（6）JNO 指令
转移条件：OF=0。
指令功能：结果不溢出则转移。

（7）JP（或 JPE）指令
转移条件：PF=1。
指令功能：结果含偶数个 1 则转移。

（8）JNP（或 JPO）指令
转移条件：PF=0。
指令功能：结果含奇数个 1 则转移。

（9）JC（或 JNAE、JB）指令
转移条件：CF=1。
指令功能：运算结果产生进/借位则转移。

（10）JNC（或 JAE、JNB）指令
转移条件：CF=0。
指令功能：运算结果不产生进/借位则转移。

（11）JB（或 JNAE、JC）指令
转移条件：CF=1。
指令功能：比较两个无符号数，小于则转移。

(12) JNB（或 JAE、JNC）指令
转移条件：CF=0。
指令功能：比较两个无符号数，不小于则转移。
(13) JBE（或 JNA）指令
转移条件：CF∨ZF=1。
指令功能：比较两个无符号数，小于等于则转移。
(14) JA（或 JNBE）指令
转移条件：CF∨ZF=0。
指令功能：比较两个无符号数，大于则转移。

2. 基于有符号数运算的条件转移指令

(1) JL（或 JNGE）指令
转移条件：SF⊕OF=1。
指令功能：比较两个有符号数，小于则转移。
(2) JNL（或 JGE）指令
转移条件：SF⊙OF=1。
指令功能：比较两个有符号数，不小于则转移。
(3) JLE（或 JNG）指令
转移条件：(SF⊕OF)∨ZF=1。
指令功能：比较两个有符号数，小于等于则转移。
(4) JG（或 JNLE）指令
转移条件：(SF⊕OF)∨ZF=0。
指令功能：比较两个有符号数，大于则转移。

3. 特殊判断依据的条件转移指令

JCXZ 指令。
转移条件：(CX)=0。
指令功能：可将计数值放于 CX 寄存器中，当 CX 值为 0 时则转移。
例如，下面的程序段：

```
        ...
        MOV AX,0
        MOV CX,100
LABL:   ADD AX,1
        DEC CX
        JCXZ DONE
        JMP LABL
```

```
DONE: ...
```

利用该程序段可实现,将 AX 中的内容累加 100 次。

4.9 常用伪指令

指令语句在源程序汇编时,会产生可供 CPU 执行的机器指令代码,即目标代码。除指令语句外,8086 汇编语言还提供了一套供编写源程序所需的伪指令。

伪指令又称伪操作,是汇编程序对源程序汇编所要处理的操作,并不像指令那样生成机器指令代码。

伪指令只是"通知"汇编器应该按照何种方式对源程序进行汇编,可以完成诸如定义程序模式、定义数据、分配存储区、指示程序结束等功能。

本节内容只介绍部分常用的伪指令,其他伪指令随各章节的内容再做介绍。

1. 设置起始地址伪指令 ORG

ORG 指令格式:

```
ORG 数值表达式
```

指令功能:ORG 指令用来指明指令代码或数据存放的偏移位置。它用在数据段时,可指明数据块的起始存储位置;用在代码段时,也可指明指令代码的存放位置。当使用该指令时,源程序的指令代码或数据被连续存放在以此地址开始的单元中,直到下一条 ORG 指令为止。

例如,下面的程序段:

```
ORG 100H
X DB 12H,24H,36H
```

该程序段可实现,在数据段偏移地址 100H 处定义变量 X 的初始值。

2. 符号赋值伪指令 EQU

EQU 指令格式:

```
符号名称 EQU 表达式
```

指令功能:使用该指令实现对符号的赋值,可将常量、变量、表达式、字符串、关键字、指令码等赋值给某个符号,从而完成符号的定义。另外,该指令要求符号名必须唯一,且不能重新定义(与"="赋值语句不同)。

例 4.29 举出一些 EQU 指令的应用实例。

符号赋值伪指令 EQU 应用如下:

```
CONSTANT EQU 256          ;常量赋值
ABC      EQU 220          ;常量赋值
XYZ      EQU BUFFER       ;变量赋值
COM1     EQU 3F8H         ;常量赋值
COM2     EQU 2F8H
LPT      EQU 378H
COUT     EQU CX           ;为寄存器 CX 定义一个名字
ADR      EQU ES:[SI+BX+5] ;为地址表达式定义一个名字
GOTO     EQU JMP          ;为指令码定义一个名字
```

使用该赋值指令时要注意,符号要先定义,后使用。

3. 定义数据伪指令 DB

DB 指令格式:

```
[变量名] DB 数1[,数2][,数3]…
```

指令功能:定义字节变量,将常数或字符以字节型数据形式存放至内存单元中。

用该指令定义字符或字符串时,要用引号将字符(串)括起来,并将字符的 ASCII 码以字节型数据形式存放到连续的内存单元中。

DB 指令使用方法如下:

```
DATA1 DB 44H,09H,5AH      ;定义字节型数组变量 DATA1
DATA2 DB 'B'              ;定义字符型变量 DATA2
DATA3 DB 'ABCDEF'         ;定义字符型数组变量 DATA3
DATA4 DB ?                ;定义字节型变量 DATA4,并为其分配一个内存单元
```

其他定义数据伪指令有以下几个。

(1) DW

指令格式同 DB 指令。

指令功能:定义字变量,每个变量占用 2 个连续字节的存储单元(字单元)。

(2) DD

指令格式同 DB 指令。

指令功能:定义双字变量,每个变量占用 4 个连续字节的存储单元(双字单元)。

(3) DUP

DUP 指令格式:

```
重复定义次数 N  DUP(数1,数2,数3,…)
```

指令功能:与 DB、DW、DD 等联合使用,将括号中的数据按指定次序,重复定义 N 次。

例如：
```
DATA1 DB 0,1,2,3,0,1,2,3,5
DATA1 DB 2 DUP(0,1,2,3),5
```
上面两种定义方法是等价的。

习题 4

一、填空题

1. 交换指令为_____。
2. 查表指令 XLAT 又称为_____指令，使用该指令前，应将表的首地址存放于_____，被查找元素在表内的偏移地址存放于_____。
3. 压栈操作是_____位数的操作。
4. 十进制数 65 的压缩 BCD 码为_____。
5. 用 MUL 指令完成两个 16 位数的乘法时，乘积结果的高 16 位存放在_____，低 16 位存放在_____。

二、选择题

1. 改变 AL 寄存器内容的指令是（　　）。
   A. TEST AL,04H　B. OR AL,AL　C. CMP AL,BL　D. AND AL,BL
2. （　　）指令组能够实现将寄存器 BX 中的内容乘以 4。
   A. SHR BX,2　　　　　　　　B. SHL BX,2
   C. MOV CL,2　　　　　　　　D. MOV CL,2
   　　SHR BX,CL　　　　　　　　SHL BX,CL
3. （　　）指令不改变 CF 标志位。
   A. ADD AX,BX　B. DEC DL　C. SUB AX,BX　D. ADC AX,BX
4. 对标志位不产生影响的指令是（　　）。
   A. SUB　　　B. ADD　　　C. MUL　　　D. MOV
5. 针对出栈指令 POP 功能叙述正确的是（　　）。
   A. 可以将栈顶元素弹出送至 DS 段寄存器，堆栈指针加 2
   B. 可以将栈顶元素弹出送至 DS 段寄存器，堆栈指针减 2
   C. 不可以将栈顶元素弹出送至 DS 段寄存器，堆栈指针不变化
   D. 不可以将栈顶元素弹出送至 DS 段寄存器，堆栈指针不变化
6. 如果十进制数 12 以非压缩 BCD 码形式存放在 AX 寄存器中，AX 中存放的内容为（　　）。

A．12H　　　　B．12D　　　　C．0102H　　　　D．102

7．假设(AL)=57H，(BL)=66H，当顺序执行指令 ADD AL,BL、DAA 指令后，AL 中的内容为（　　）。

A．BDH　　　　B．123H　　　　C．23H　　　　D．23

8．假设 AX、BX 寄存器中存放的是二进制有符号数，在执行 CMP AX,BX 指令后，实现大于则转移的指令是（　　）。

A．JZ　　　　B．JL　　　　C．JG　　　　D．JA

9．NEG 指令完成的功能是（　　）。

A．求一个数的绝对值　　　　B．求一个数的反码
C．求一个数的补码　　　　D．求一个数相反数的补码

10．转移指令 JMP NEAR PTR LABL 属于（　　）。

A．段内直接转移　　　　B．段内间接转移
C．段间直接转移　　　　D．段间间接转移

11．条件转移指令都属于（　　）。

A．段内短跳转　　　　B．段内近转移
C．段内长跳转　　　　D．段间长转移

12．DATA1 DB 34H,22H,3 DUP(0,1),55H 指令在内存定义了（　　）个字节单元数据。

A．9　　　　B．10　　　　C．12　　　　D．15

13．定义双字的伪指令是（　　）。

A．DB　　　　B．DW　　　　C．DD　　　　D．DT

三、请指出下列指令的错误并改正

1．MOV DS,0234H

2．MOV AX,[BX+BP+6]

3．PUSH CL

4．POP [AX]

5．MUL 8EH

6．SHR DX

7．MOV BX,AL

8．XCHG DX,0FF0H

9．MOV CS,AX

10．MOV SS,ES

上机训练4　在Debug下运行程序段

一、实验目的

1. 正确掌握指令的使用方法。
2. 熟练掌握程序段的编写方法。
3. 进一步巩固Debug命令的使用方法。

二、实验内容

编写程序段并在Debug下运行。

程序段范例1：利用移位指令实现计算十进制数12与35的乘积。

程序范例2：利用转移指令实现计算1~100之和。

第 5 章 汇编语言程序设计

前面几章分别介绍了有关汇编语言程序设计的基础知识,包括寄存器的使用方法、内存单元物理地址的形成过程、指令寻址方式及 8086 汇编语言指令集。掌握了这些基本内容后,就可以着手编写汇编语言程序了。

5.1 汇编语言源程序的基本框架

8086 系统的内存是分段进行管理的,为了与之相对应,汇编语言源程序也由若干个段构成。

一个完整的汇编语言源程序包含代码段、数据段、堆栈段和附加段。8086 允许同时使用 4 个段。编程者可根据实际需要,确定源程序所含段的种类及数目,但源程序至少应含有一个代码段。

段的顺序由编写者自己确定。源程序经过汇编、连接,形成 .EXE 可执行文件。在默认情况下,可执行文件中各段顺序与源程序中设置的段顺序相同。

5.1.1 段的定义

段的定义采用段定义伪指令 SEGMENT 和 ENDS 实现。

单个段的定义格式如下:

```
段名    SEGMENT
        语句行
        ...
        语句行 n
段名    ENDS
```

注意:

- 段定义伪指令 SEGMENT 和 ENDS 必须成对出现。
- 一对 SEGMENT、ENDS 前面的段名必须保持一致,即要求使用同一个段名。
- 段名是编程者根据命名规则自由选定的,但不要与指令助记符或伪指令重名。例如,在定义代码段时,可以把段名命名为 CODE、CODE1、A 等。
- 程序中的段名可以是唯一的,也可以与其他段同名。如果有两个段同名,则后者被认为是前段的后续,汇编程序会按同一个段汇编。
- 段名具有段地址和偏移地址两种属性。
- SEGMENT 和 ENDS 之间的部分称为段体。对于代码段来说,这部分内容主要是指令代码；对于其他段来说，这部分内容主要用来进行变量、符号等的定义。
- SEGMENT 和 ENDS 伪指令指明了一个段的起始和结束位置。
- 代码段中应含有程序返回 DOS 操作系统的指令语句。

下面给出数据段、附加段、堆栈段和代码段的定义格式。

```
    DATA SEGMENT        ;半角分号后面是行注释内容
    …                   ;存放数据项的数据段
    DATA ENDS
    EXTRD SEGMENT
    …                   ;存放数据项的附加段
    EXTRD ENDS
    STACK SEGMENT
    …                   ;堆栈段
    STACK ENDS
    CODE SEGMENT
    标号:语句行
    …                   ;代码段
    CODE ENDS
        END 标号        ;源程序结束
```

虽然在源程序中使用段名和伪指令定义了各种段，但汇编程序却不认识所定义的段，它会把"DATA SEGMENT…DATA ENDS"认成是代码段。因此，要用伪指令来指明段。

5.1.2 ASSUME 伪指令

ASSUME 伪指令的作用是通知汇编程序建立段名与段寄存器之间的对应关系。
ASSUME 伪指令的定义格式如下：

```
ASSUME 段寄存器名:段名[,段寄存器名:段名[,…]]
```

其中，段寄存器名可分别为 CS、DS、ES 和 SS，段名是段定义时由编程者命名的。在一条 ASSUME 语句中可建立多组段寄存器与段名之间的对应关系，每组对应关系间要使用半角逗号分隔。例如：

```
ASSUME CS:CODE,DS:DATA,SS:STACK
```

上面的语句说明，CS 对应代码段 CODE，DS 对应数据段 DATA，SS 对应堆栈段 STACK。

在 ASSUME 语句中，还可以用关键字 NOTHING 来说明某个段寄存器不与任何段相对应。例如：

```
ASSUME ES:NOTHING
```

这条 ASSUME 语句说明了段寄存器 ES 不与任何段相对应。

注意:
- 助记符 ASSUME 不可省略。
- 通常,代码段的第一条语句就是用 ASSUME 伪指令来说明段寄存器与段之间的对应关系。当然,也可以把 ASSUME 伪指令放置在源程序的最前端。
- 不必要求 4 个逻辑段都使用 ASSUME 确定指向关系。编程时,确定已定义段的指向关系就可以了。如果源程序涉及字符串操作,还要定义附加段,并确定 ES 和附加段的指向关系。
- 可以使用 "ASSUME 段寄存器名:NOTHING" 指令取消已确定的指向关系。

5.1.3 段寄存器的装入

ASSUME 伪指令只是建立了段名和段寄存器之间的指向关系,但未将段地址真正装入相应的段寄存器,所以在程序代码开始处应首先完成段地址的装入。

1. DS 和 ES 的装入

段寄存器 DS 和 ES 的装入由下面两条指令完成。

```
MOV AX,段名
MOV DS/ES,AX
```

2. SS 的装入

如果在源程序中定义了堆栈,可使用下面两条指令完成 SS 的装入。

```
MOV AX,堆栈段段名
MOV SS,AX
```

在装入 SS 的同时,可用下面一条指令装入堆栈指针 SP,以确定栈顶 SS:SP 的值。

```
MOV SP,立即数
```

3. CS 的装入

使用程序结束伪指令 END 装入。
END 指令的定义格式如下:

```
END 程序启动地址
```

END 指令的功能如下:

① 标志程序结束，通知汇编器结束汇编。
② 指定程序运行的启动地址。
下面来看一个汇编语言程序的结构实例。

例 5.1 编程实现在屏幕上显示一个字符串。
程序如下：

```
    DATA SEGMENT                                ;定义数据段
        STRING DB 'Hello classmates',0DH,0AH    ;用伪指令 DB 定义字符串
               DB '$'
    DATA ENDS                                   ;数据段结束
    STACK SEGMENT                               ;定义堆栈段
        DW 20H DUP(0)                           ;用伪指令 DW 定义 20H 个字
    STACK ENDS                                  ;堆栈段结束
    CODE SEGMENT                                ;定义代码段
        ASSUME CS:CODE,DS:DATA,SS:STACK         ;用 ASSUME 指明段名和段寄存器之间的联系
    START:                                      ;程序启动地址标号
        MOV AX,STACK                            ;将堆栈段的段地址装入 SS
        MOV SS,AX
        MOV SP,40H                              ;装入堆栈指针，栈空间为 40H 个字节
        MOV AX,DATA                             ;将数据段的段地址装入 DS
        MOV DS,AX

        LEA DX,STRING                           ;将 STRING 的偏移地址装入 DX 中
        OV AH,09H                               ;调用 INT 21H 的 09H 号功能输出字符串
        INT 21H

        MOV AH,4CH                              ;调用 INT 21H 的 4CH 号功能实现程序返回
        INT 21H

    CODE ENDS                                   ;代码段结束
        END START                               ;结束汇编，指明程序入口地址为 START
```

程序返回 DOS 操作系统使用中断 INT 21H 的 4CH 号功能调用。上例中已给出了中断调用方法。

```
    MOV AH,4CH
    INT 21H
```

其中，第一条指令是将中断调用的功能号 4CH 装入指定的寄存器 AH；第二条指令是执行中断调用。

也可将这两条指令写成下面的形式。

```
MOV AX,4C00H
INT 21H
```

此时，AL 寄存器用来传递功能调用返回代码。

5.2 汇编语言中的基本数据

5.2.1 标识符

标识符是具有一定含义的字符序列，用于为符号常量、变量、标号及子程序命名。标识符由编程者自由建立。

标识符的命名规则如下：

① 由字母、数字及特殊字符（?、@、$、_）等组成。
② 必须以字母开头。
③ 一般情况下，汇编语言不区分标识符内字母的大小写。
④ 标识符字符总数限制在 31 个以内。
⑤ 标识符不能与汇编语言保留字重名。

例如，DATA1、LOP1、ASC1、abc4 等都是合法的标识符，而 1b、MOV 是非法标识符。

再如，ABCH 和 0ABCH，前者是标识符，而后者是十六进制数字。

5.2.2 常量、变量和标号

1. 常量

常量指值不变的量。常量包括数值常量、字符（串）常量和符号常量。

（1）数值常量

汇编语言中的数值常量可以是二进制（B）、八进制（O）、十进制（D）或十六进制（H）数，书写数值常量时应加后缀予以区分。十进制数的后缀可省略。对于十六进制数，当以字母 A~F 开头时，前面要加数字 0，以避免与标识符混淆。

（2）字符串常量

包含在单引号中的若干字符组成字符串常量，字符是以其 ASCII 码值在存储器中存放的，每个字符占用一个字节的存储单元。如字母"A"的 ASCII 码是 41H，字符串"ABC"的 ASCII 码是 414243H 等。

（3）符号常量

用符号名来代替的常量就是符号常量。

例如，用 COUNT EQU 10 或 COUNT=10 赋值语句定义后，COUNT 就是与数值 10 等价的符号常量。

2. 变量

变量是操作数的符号地址。

变量在数据段、附加段或堆栈段中使用标识符来定义，后面不跟冒号。

变量有以下 3 个属性。

① 段属性：指所在段的段地址。
② 偏移属性：指从段起始地址到变量位置之间的字节数。
③ 类型属性：指是字节型、字型还是双字型等。

例如，在数据段定义 DATA1 和 DATA2 两个变量。

```
DATA1 DB 1,2,3,4,5
DATA2 DW 6,7,8,9,10
```

变量 DATA1 和 DATA2 的段属性就是都具有数据段的段值；DATA1 的偏移属性是 0，DATA2 的偏移属性是 5；DATA1 是字节型变量，而 DATA2 是字型变量。

3. 标号

标号是指令的符号地址。

与变量的定义不同，标号定义在代码段，要求标号后面有冒号跟随。

标号也有 3 个属性，分别如下：

① 段属性：指所在代码段的段地址。
② 偏移属性：指从代码段的起始地址到标号之间的字节数。
③ 类型属性：当把标号作为过程名时，类型属性为 NEAR 或 FAR，指明过程是在本段内被调用还是在其他段中被调用。

注意：变量要分配内存单元，而标号只是地址标记。

5.2.3 运算符与表达式

运算符与运算指令是不同的，由运算符连接而成的表达式要在汇编阶段求值，而运算指令是在程序运行阶段执行的。

1. 算术运算符

算术运算符包括：+（加）、-（减）、*（乘）、/（除）、MOD（取余）。

例如，指令 MOV AX,7*9+6 相当于指令 MOV AX,69。

2. 逻辑运行符

逻辑运算符包括：AND（与）、OR（或）、NOT（非）、XOR（异或）。

例如，两条指令 AND AL,58H 和 AND AL,0F0H 相当于一条指令 MOV AL,50H。

逻辑运算符只能应用于数值表达式，不能应用于地址表达式。

3. 关系运算符

关系运算符有：EQ（相等）、LT（小于）、LE（小于等于）、GT（大于）、GE（大于等于）、NE（不等于）。

关系运算符的两个运算对象要么同为数据，要么同为一个段内的地址。

当运算结果为真，汇编程序返回值为0FFFFH；运算结果为假，返回值为0000H。

例如，指令 MOV AX,55 EQ 66 相当于指令 MOV AX,0；指令 MOV AX,55 LT 66 相当于指令 MOV AX,0FFFFH。

4. 分析运算符

分析运算符包括 SEG、OFFSET、TYPE、LENGTH、SIZE 等。

分析运算符的作用是从变量或标号中析出它们的段地址、偏移地址、变量类型、元素个数和占用内存字节空间大小等。

（1）OFFSET

格式：

    OFFSET 变量或标号

功能：返回变量或标号的偏移地址。

例 5.2 将变量的偏移地址送入源变址寄存器（SI）。

程序段如下：

```
DATA SEGMENT
    DATA1 DB 0,1,2,3,4,5
DATA ENDS
CODE SEGMENT
    ...
    MOV SI,OFFSET DATA1
    ...
CODE ENDS
```

（2）SEG

格式：

    SEG 变量或标号

功能：返回变量或标号的段地址。

例 5.3 已用 DATA1 DW 10 DUP(0)指令定义了字型变量 DATA1，请写出使用 TYPE、LENGTH 和 SIZE 运算符作用于 DATA1 变量后的返回值。

各运算符作用于 DATA1 变量后的返回值如下：

```
TYPE DATA1          ;值为 2
LENGTH DATA1        ;值为 10（10 个字元素）
SIZE DATA1          ;值为 20（按字节计算）
```

5. 修改属性运算符

修改属性运算符包括 PTR、THIS 运算符。
该类运算符的作用是修改变量或标号的原有类型属性并赋予新的类型属性。
（1）PTR 运算符
格式：

类型 PTR 变量或标号名

其中，类型可以是 BYTE、WORD、DWORD、NEAR、FAR。
例如，用 DATA2 DB 10 DUP(0) 指令定义了 DATA2 字节型变量，若要将从 DATA2 开始的一个字数据装入 AX 寄存器，传送指令应使用 PTR 运算符，指令如下：

```
MOV AX,WORD PTR DATA2
```

（2）THIS 运算符
格式：

符号名 EQU THIS 类型
原符号名 类型 参数,…

THIS 的功能与 PTR 相同，只是使用格式不同。THIS 语句建立一个符号名并指定它有 THIS 后面的类型属性，并使符号名指向下一条语句中原符号名所在单元地址。
例如，DTAT1 EQU THIS WORD、DATA2 DB 10 DUP(0)。
这两条语句的作用是，将 DATA1 变量定义为字数据类型，并使 DATA1 指向原变量 DATA2 所在单元。对 DATA1 变量的存取以字为单位进行，而对 DATA2 变量的存取仍以字节为单位进行。

6. 表达式

表达式是指由运算对象和运算符组成的式子。表达式分为：数值表达式和地址表达式。

5.3 基本结构程序设计

结构化和模块化原则对汇编语言程序设计同样适用。
所谓结构化，就是把复杂问题的解决分阶段来完成。结构化要求在程序中使用若干基本的逻辑结构，而程序则是这些基本结构的逻辑组合。基本程序结构包括顺序结构、分支结构和循环结构 3 种形式。

1. 顺序结构

无分支、无反复，严格按照语句的先后顺序依次执行的程序采用的就是顺序结构。顺序结构一般用于简单的程序。

2. 分支结构

在程序的运行过程中，要根据不同情况进行判断和选择，然后执行不同的程序段，这种程序结构是分支结构。

3. 循环结构

在满足一定的条件时，程序中的某一程序段被反复执行多次，这种结构是循环结构。

模块化是指解决一个复杂问题时，采用自顶向下逐层分解方式，把程序划分成相互独立的若干模块的过程。每个模块完成应用程序的一个子功能。在汇编语言中，程序模块的设计就是指子程序设计。

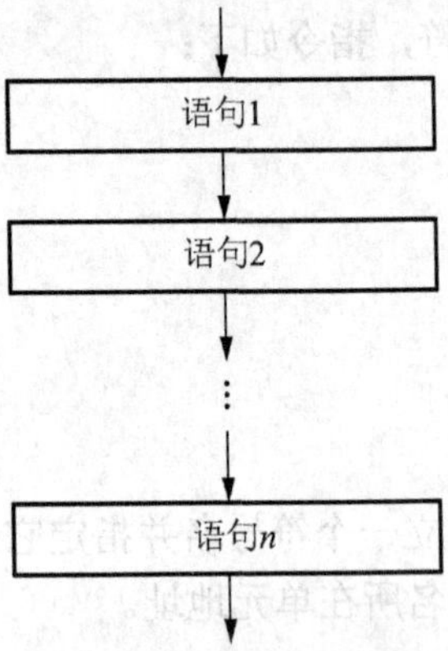

5.3.1 顺序结构程序设计

顺序结构是最简单的程序结构，程序的执行顺序就是指令的编写顺序，所以，安排指令的先后次序就显得至关重要。另外，在写编程序时，还要妥善保存已得到的数据处理结果，为后面的结果应用做好准备，从而避免不必要的重复操作。

顺序结构程序流程图如图 5.1 所示。

图 5.1 顺序结构流程图

例 5.4 在数据段定义 5 个字节型无符号数，请编程对它们求和，并将和存放在 5 个数据的后面。

分析：5 个字节型无符号数的和可以超出 8 位二进制数的表示范围，目前暂不考虑该种情况。另外，如果使用寄存器间接寻址方式在数据段寻找操作数，在 AX、BX、CX 和 DX 中，只能选用 BX 基址寄存器来存放偏移地址。BX 寄存器默认在数据段寻址。

程序如下：

```
DATA SEGMENT
    DB 04H,06H,08H,0DH,07H
    DB 0
DATA ENDS
CODE SEGMENT
    ASSUME CS:CODE,DS:DATA
```

```
    START:
        MOV AX,DATA                ;装入数据段地址
        MOV DS,AX
        MOV BX,0                   ;将 0 存入 BX，使 BX 内容指针指向数据段第一个数
        MOV AL,0                   ;累加器清零
        ADD AL,[BX]                ;将第一字节型数据累加到 AL
        ADD BX,1                   ;调整指针，指向第二个数
        ADD AL,[BX]                ;将第二个数累加到 AL
        ADD BX,1
        ADD AL,[BX]
        ADD BX,1
        ADD AL,[BX]
        ADD BX,1
        ADD AL,[BX]                ;将第五个数累加到 AL
        ADD BX,1                   ;将指针指向第六个数位置
        MOV [BX],AL                ;将和存入第六个数所在字节单元
        MOV AX,4C00H               ;返回 DOS 操作系统
        INT 21H
    CODE ENDS
        END START
```

例 5.5 编程计算 Y=4X+5。X 是存放在 DATAX 单元中的一个字节型数，要求将结果存入 DATAY 字单元中。

程序如下：

```
    DATA SEGMENT
        DATAX DB 10
        DATAY DW 0
    DATA ENDS
    CODE SEGMENT
        ASSUME CS:CODE,DS:DATA
    START:
        MOV AX,DATA                ;装入数据段地址
        MOV DS,AX
        MOV BX,OFFSET DATAX        ;将 DATAX 变量的偏移地址存入基址寄存器 BX
        MOV AL,[BX]                ;取被乘数放入 AL
        MOV BL,4                   ;乘数 4 放入 BL
        MUL BL                     ;相乘，积存放在 AX 中
        ADD AX,5                   ;积与 5 相加，最后结果存放在 AX 中
        MOV BX,OFFSET DATAY        ;将 DATAY 变量的偏移地址存入 BX
```

```
        MOV [BX],AX              ;将计算结果存放到 DATAY 字单元
        MOV AX,4C00H             ;返回 DOS 操作系统
        INT 21H
CODE ENDS
        END START
```

编写程序之初,大家要熟练掌握同一操作的不同指令实现方式,这样就能达到举一反三的目的,有助于提高针对复杂问题编程的能力。

例如,在例 5.5 中,MOV BX,OFFSET DATAX 指令可由 LEA BX,DATAX 指令替换,LEA 指令的功能是将源操作数的偏移地址装入目的操作数中;乘法操作可用移位指令实现;MOV BX,OFFSET DATAX、MOV AL,[BX]两条指令可以用 MOV AL,DATAX 一条指令实现,等等。

把上面的程序进行改写,会实现相同的功能。

```
        ASSUME CS:CODE,DS:DATA
        DATA SEGMENT
            DATAX DB 10
            DATAY DW 0
        DATA ENDS
        CODE SEGMENT
        START:
            MOV AX,DATA
            MOV DS,AX
            LEA BX,DATAX          ;将 DATAX 变量的偏移地址装入基址寄存器 BX
            MOV AL,[BX]           ;取被乘数存入 AL

            MOV AH,0              ;实现被乘数乘以 4
            MOV CL,2
            SHL AX,CL

            ADD AX,5              ;积再与 5 相加,结果存放在 AX 中
            MOV DATAY,AX          ;将最后运算结果存入 DATAY 单元
            MOV AH,4CH            ;返回 DOS 操作系统
            INT 21H
        CODE ENDS
            END START
```

说明:当移位位数大于 1 时,要将移位位数存入 CL 寄存器。

例 5.6 假设有两个字变量 WORD1 和 WORD2,编写程序实现交换其值的功能。

分析:交换内存单元字数据,可以借用某一寄存器实现。

程序如下：

```
DATA SEGMENT
    WORD1 DW ?
    WORD2 DW ?
DATA ENDS
CODE SEGMENT
    ASSUME CS:CODE,DS:DATA
START:
    MOV AX,DATA
    MOV DS,AX
    MOV AX,WORD1        ;将WORD1字单元内容送到AX
ONE: XCHG AX,WORD2      ;WORD1字单元内容经AX寄存器送到WORD2字单元
                        ;WORD2字单元内容送到AX
TWO: MOV WORD1,AX       ;WORD2字单元内容送到WORD1字单元
    MOV AX,4C00H
    INT 21H
CODE ENDS
    END START
```

思考：在标号 ONE 和 TWO 位置的两条语句是否可用 XCHG WORD1,WORD2 一条语句直接代替？

例 5.7 在内存 DATA1 字节单元存放一个无符号数 0A4H，编程将其拆分成两个十六进制数，并存入从 DATA2 开始的两个字节单元中（先存放高位）。

分析：将数拆分需要用到移位指令。

程序如下：

```
DATA SEGMENT
    DATA1 DB 0A4H
    DATA2 DB 0,0
DATA ENDS
CODE SEGMENT
    ASSUME CS:CODE,DS:DATA
START:
    MOV AX,DATA
    MOV DS,AX
    MOV AL,DATA1
    MOV AH,AL           ;将AL中原数据送到AH中保存
    AND AH,0F0H         ;截取AH内容的高4位
    MOV CL,4            ;将移位位数存入CL
```

```
            SHR AH,CL                      ;将 AH 内容右移 4 位
            MOV DATA2,AH                   ;存放原数的高 4 位
            AND AL,0FH                     ;截取低 4 位
            MOV DATA2+1,AL                 ;存放原数的低 4 位
            MOV AX,4C00H
            INT 21H
        CODE ENDS
            END START
```

例 5.8 采用查表法，将一位十六进制数转换为其对应的 ASCII 码，并在屏幕上显示。程序如下：

```
        DATA SEGMENT
            ASC  DB 30H,31H,32H,33H,34H,35H,36H,37H,38H,39H
                                           ;对应 0~9 的 ASCII 码
                 DB 41H,42H,43H,44H,45H,46H ;对应 A~F 的 ASCII 码
            DATA1 DB 04H                   ;定义一位十六进制数
        DATA ENDS
        CODE SEGMENT
            ASSUME CS:CODE,DS:DATA
        START:
            MOV AX,DATA
            MOV DS,AX
            MOV BX,OFFSET ASC              ;BX 指向 ASCII 码表
            MOV AL,DATA1                   ;AL 取得十六进制数
                                           ;恰好就是 ASCII 码表中的位移
            XLAT                           ;换码：AL←DS:[BX+AL]
                ;DOS 中断调用 INT 21H 的 2 号功能：单个字符显示
            MOV DL,AL                      ;入口参数：DL←AL
            MOV AH,2                       ;功能号 2 送入 AH
            INT 21H
            MOV AX,4C00H
            INT 21H
        CODE ENDS
            END START
```

5.3.2 分支结构程序设计

在实际应用中，顺序执行的程序并不多见。在程序执行过程中，如需要经过判断，再根据判断结果执行不同的程序段，那么，此种结构程序就是分支程序。

根据执行程序段的数量不同，可将分支结构划分为双分支结构（图 5.2）和多分支

结构（三分支结构见图 5.3）。

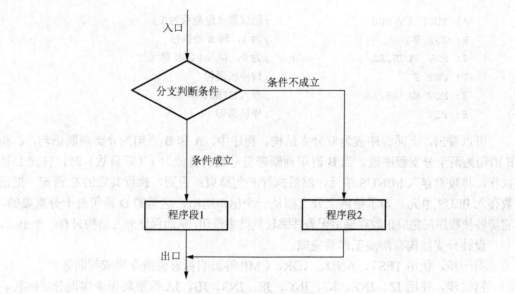

图 5.2　双分支结构流程图

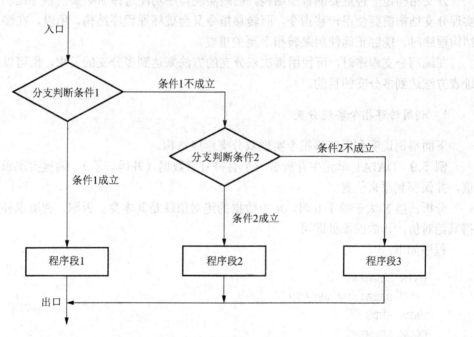

图 5.3　三分支结构流程图

例如，AL 中有一个带符号数，若为正数，将其存入 PLUS 字节单元，否则存入 MINUS 字节单元。因 AL 中数的符号不同，存入的单元就不同，所以程序设计需要使用分支结构。实现此功能要求的程序段如下：

```
A: TEST AL,80H          ;测试最高位是否为1
B: JNZ E                ;为1，转E处执行
C: MOV PLUS,AL          ;为0，存入PLUS单元
D: JMP F                ;转停机语句
E: MOV MINUS,AL         ;存入MINUS单元
F: HLT                  ;停机语句
```

可以看出，上面程序段为双分支结构。程序中，A 和 B 语句为分支判断语句，C 和 E 语句为两个分支程序段。当 B 语句判断带符号数的首位为 1（即负数）时，转向 E 处执行，将数据存入 MINUS 单元，然后执行 F 句结束；否则，执行其后的 C 语句，把正数存入 PLUS 单元。为了使两个分支都从一个出口退出，这里的 D 语句是十分重要的，它能够使程序在完成正数存储后无条件跳转到结束语句，从而保证分支结构只有一个出口。

设计分支结构有两步工作要完成。

第一步，使用 TEST、AND、XOR、CMP 等影响标志位指令形成判断条件。

第二步，使用 JZ、JNZ、JC、JNC、JS、JNS、JB、JA 等跳转指令实现分支跳转。

分支结构是一种重要的程序结构，也是实现程序功能选择所必要的程序结构。由于实现分支结构需要使用转移指令，而转移指令又会破坏原程序结构，所以，在编写分支结构程序时，能够正确使用跳转指令至关重要。

在编写分支程序时，可使用每次双分支的方法来达到多分支的要求，也可以使用地址表方法达到多分支的目的。

1. 利用转移指令实现分支

下面举例说明利用转移指令实现双分支程序结构。

例 5.9 DATA1 单元中存放着一个有符号字数据（补码表示），编程实现求其绝对值，并保存到原来位置。

分析：当 X 大于等于 0 时，X 中数据的绝对值就是其本身；否则，利用求补指令求得其绝对值，再放回原处即可。

程序如下：

```
DATA SEGMENT
    DATA1 DW 0F543H
DATA ENDS
CODE SEGMENT
ASSUME CS:CODE,DS:DATA
START:
    MOV AX,DATA
    MOV DS,AX
```

```
            MOV  AX,DATA1
            TEST AX,AX              ;TEST 指令影响 S 标志位
            JNS  DONE               ;如大于等于 0，则转移到程序返回
            NEG  AX
            MOV  DATA1,AX
       DONE: MOV  AH,4CH
            INT  21H
       CODE ENDS
            END START
```

这个双分支程序的特点是，有一路分支未执行程序段，直接转到程序出口 DONE:处。此例分支功能核心部分也可用下面的程序段实现。

```
       TEST AX,8000H
       JZ   DONE                   ;如为正则跳转
       XOR  AX,0FFFFH              ;将 AX 内容取反
       INC  AX                     ;求得绝对值
       MOV  DATA1,AX
```

例 5.10 在内存 DATA1 单元存放着一个有符号字数据，编程判断其正负。如为正数（含 0），将此数放在 DATA2 单元；如为负数，将此数放在 DATA3 单元。

分析：这还是一个双分支程序，用一个条件判断实现转移即可。

程序如下：

```
       DATA SEGMENT
            DATA1 DW 0F543H
            DATA2 DW 0
            DATA3 DW 0
       DATA ENDS
       CODE SEGMENT
            ASSUME CS:CODE,DS:DATA
       START:
            MOV  AX,DATA
            MOV  DS,AX
            MOV  AX,DATA1
            TEST AX,8000H           ;TEST 指令影响 Z 标志位
            JZ   POSI               ;如大于等于 0，则转移到 POSI 处
            MOV  DATA3,AX           ;存放负数
            JMP  DONE               ;此语句很重要，无条件跳转到出口
       POSI: MOV  DATA2,AX          ;存放正数
       DONE: MOV  AH,4CH
```

```
        INT 21H
    CODE ENDS
        END START
```

设计此程序的关键点是使用无条件跳转指令,使某一分支回到程序出口处。

例 5.11 编写汇编程序,要求在使用键盘输入字母时,如果输入的是小写字母,则将其变成大写字母并显示。

分析:从键盘输入字符可使用 DOS 中断调用 INT 21H 的 1 号功能;键盘输入字母有两种可能,即小写或大写字母,如输入的是小写字母,其 ASCII 码值一定大于等于 61H。

程序如下:

```
    CODE SEGMENT
    ASSUME CS:CODE
    START:
        MOV AH,1        ;INT 21H 的 1 号功能调用:从键盘输入字符
        INT 21H         ;调用后,输入字符的 ASCII 码存入 AL

        CMP AL,'a'      ;判断是否为小写字母
        JB DONE         ;非小写字母,则转移到程序返回处
        SUB AL,20H      ;将小写字母的 ASCII 码改变为对应大写字母的
                        ;ASCII 码
        MOV DL,AL       ;INT 21H 的 2 号功能调用:显示单个字符
        MOV AH,2
        INT 21H
    DONE: MOV AH,4CH
        INT 21H
    CODE ENDS
        END START
```

下面举例说明利用转移指令实现三分支程序结构。

例 5.12 在内存 DATA1 单元存放着一个有符号字数据,编程判断其正负。如为正数,将此数存放于 DATA2 单元;如为 0,存放于 DATA3 单元;如为负数,存放于 DATA4 单元。

```
    DATA SEGMENT
        DATA1 DW 0F543H
        DATA2 DW 0
        DATA3 DW 0
        DATA4 DW 0
    DATA ENDS
```

```
CODE SEGMENT
     ASSUME CS:CODE,DS:DATA
START:
        MOV  AX,DATA
        MOV  DS,AX
        MOV  AX,DATA1
        TEST AX,8000H
        JZ   POSI                ;如大于等于 0，则转移到 POSI 处
        MOV  DATA4,AX            ;存放负数
        JMP  DONE                ;无条件跳转到出口
POSI:   CMP  AX,0
        JE   POSI1
        MOV  DATA2,AX            ;存放正数
        JMP  DONE                ;无条件跳转到出口
POSI1:  MOV  DATA3,AX            ;存放 0
DONE:   MOV  AH,4CH
        INT  21H
CODE ENDS
        END START
```

例 5.13 编写程序，求符号函数值。

$$Y = \begin{cases} 1 & 0 < X \leq 127 \\ 0 & X = 0 \\ -1 & -128 \leq X < 0 \end{cases}$$

变量 X、函数 Y 皆为存放在数据段的有符号数，且为字节型。
程序段如下：

```
        MOV AL,X
        CMP AL,0
        JG  A1
        JZ  A2
        MOV Y,0FFH           ;将-1 送入 Y 单元
        JMP A3
A1:     MOV Y,1
        JMP A3
A2:     MOV Y,0
A3:     …
```

思考：在 A3:处应为什么指令？请将此程序段补全成完整的程序。

2. 利用地址表实现分支

地址表，顾名思义就是存放地址的表。将多分支程序中的每个分支程序的起始地址

有序地存放在数据段存储区，这就形成了内存中的地址表。

在汇编语言中，自定义的标识符（地址标号）可以作为地址表中的地址。在对源程序进行编译时，汇编器会自动计算地址数据。

地址表使用的基本方法是，取分支程序编号作为地址表中的偏移量，再从地址表中获得分支程序的入口地址。具体如下：

$$\text{分支程序入口地址} = \text{编号} \times 2 + \text{表首地址}$$

例 5.14 编程实现，从键盘输入 1～7 个数字中的一个，程序自动用英文输出对应的是星期几。例如，输入 4，则输出 Thursday。

程序如下：

```
DATA SEGMENT
    TAB DW A1,B2,C3,D4,E5,F6,G7
    M   DB 'Monday$'
    TU  DB 'Tuesday$'
    W   DB 'Wednesday$'
    TH  DB 'Thursday$'
    F   DB 'Friday$'
    SA  DB 'Saturday$'
    SU  DB 'Sunday$'
DATA ENDS
CODE SEGMENT
    ASSUME CS:CODE,DS:DATA
START:
    MOV AX,DATA
    MOV DS,AX

SHURU: MOV AH,1              ;输入数字字符
    INT 21H

    MOV BL,AL                ;保护 AL 中的内容

    MOV DL,0DH               ;回车
    MOV AH,2
    INT 21H
    MOV DL,0AH               ;换行
    MOV AH,2
    INT 21H

    MOV AL,BL
```

```
        LEA BX,TAB
        SUB AL,30H              ;将输入数字的 ASCII 码转换回数字
        CMP AL,1                ;判断是否输入了超范围的数字
        JB  SHURU               ;输入超范围则重新输入
        CMP AL,7
        JA  SHURU
        SUB AL,1
        SAL AL,1                ;扩大 2 倍，形成地址表内偏移地址
        XOR AH,AH               ;将 AL 扩展成 AX
        ADD BX,AX
        JMP WORD PTR [BX]

    A1: LEA DX,M
        JMP OVER
    B2: LEA DX,TU
        JMP OVER
    C3: LEA DX,W
        JMP OVER
    D4: LEA DX,TH
        JMP OVER
    E5: LEA DX,F
        JMP OVER
    F6: LEA DX,SA
        JMP OVER
    G7: LEA DX,SU

  OVER: MOV AH,9                ;输出结果
        INT 21H
        MOV AH,4CH              ;返回 DOS 操作系统
        INT 21H
  CODE ENDS
        END START
```

程序执行结果如图 5.4 所示。

例 5.15 编程实现，根据 AL 中的哪一位为 1，就转到代码段 8 个标号中的对应标号处执行分支程序。即

当 AL 为 00000001 时，转到标号 L1 处；

当 AL 为 00000010 时，转到标号 L2 处；

图 5.4 例 5.14 程序执行结果

……

当 AL 为 10000000 时，转到标号 L8 处。

其中，L1,L2,…,L8 处分别为一个分支程序段。要求分支程序功能为：标号 L1 处输出字母 A；标号 L2 处输出字母 B……标号 L8 处输出字母 H。

再假设 AL 中的数字是从键盘上输入的，从键盘上输入一个 0~7 的数字，就能转到相应的分支程序。

分析：首先将数字的 ASCII 码转换成 0~7 的数字，然后，通过换码指令 XLAT 将数字转换成对应位为 1 的 8 位数送到 AL 中，再测试 AL 的每一位，直到测试为 1，利用转移指令转移到对应的标号处执行分支程序。

程序如下：

```
DATA SEGMENT
    TABLE1  DW  L1              ;自定义的地址标号；要求与代码段地址标号对应
            DW  L2
            DW  L3
            DW  L4
            DW  L5
            DW  L6
            DW  L7
            DW  L8
    TABLE2  DB  01H,02H,04H,08H,10H,20H,40H,80H    ;换码表
DATA ENDS
CODE SEGMENT
    ASSUME  CS:CODE,DS:DATA
START:
        MOV AX,DATA
        MOV DS,AX
L10:    MOV AH,1                ;调用 DOS 中断，输入 1 位 0~7 的数字
        INT 21H
        CMP AL,30H
        JB  L10
        CMP AL,37H
        JA  L10
        AND AL,0FH              ;取出 0~7 中的某个数字，并实现换码
        MOV BX,OFFSET TABLE2
        XLAT TABLE2
        MOV BX,OFFSET TABLE1    ;将地址表首址装入 BX
L0:     SHR AL,1                ;移位判断 AL 中哪位为 1
        JNC NO
```

```
            MOV  DL,0AH              ;回车换行
            MOV  AH,2
            INT  21H
            MOV  DL,0DH
            MOV  AH,2
            INT  21H
            JMP  WORD PTR [BX]       ;跳转到对应分支程序
       N0:  ADD  BX,TYPE TABLE1      ;将地址表首址加 2
            JMP  L0
       L1:  MOV  DL,'A'
            JMP  L9
       L2:  MOV  DL,'B'
            JMP  L9
       L3:  MOV  DL,'C'
            JMP  L9
       L4:  MOV  DL,'D'
            JMP  L9
       L5:  MOV  DL,'E'
            JMP  L9
       L6:  MOV  DL,'F'
            JMP  L9
       L7:  MOV  DL,'G'
            JMP  L9
       L8:  MOV  DL,'H'
            JMP  L9
       L9:  MOV  AH,2                ;DOS 中断功能调用，显示字符
            INT  21H
            MOV  AH,4CH
            INT  21H
       CODE ENDS
            END  START
```

程序执行结果如图 5.5 所示。

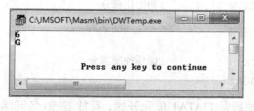

图 5.5　例 5.15 程序执行结果

5.3.3 循环结构程序设计

例如，将 50 名同学的某门课程成绩存放于内存中，现要求求得该门课程的平均成绩并存放在内存单元。如按照先前介绍的顺序结构程序设计方法来完成这项工作，就要使用 50 条 ADD 指令先做累加，然后除以人数 50 求得平均成绩，最后将平均成绩存放于内存单元。这样的方法显然太烦琐了。

其实，如果某一工作或操作需要多次重复才能完成，就应使用循环方法来设计程序。使用循环程序设计不仅可以简化程序，减少占用的内存空间，还会使程序易读易懂。

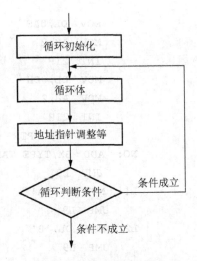

图 5.6 循环结构流程图

图 5.6 给出了循环结构的流程图。

在循环程序中，必须设置循环的次数或条件，用于控制循环执行和正常退出。一个循环程序一般由以下 4 部分组成。

① 循环初始化部分。初始化部分位于循环程序的前端，为循环程序做准备工作，包括建立初始地址指针，设置计数器、寄存器或内存单元设定初值等工作。

② 循环体。循环体指重复执行的程序段部分。

③ 地址调整部分。地址调整部分包括修改操作数地址等工作，为下次循环做准备。地址调整部分位于循环体末端。

④ 循环控制部分。循环控制部分包括修改计数器值，查看循环控制条件，控制循环是否继续执行。

循环程序的组成结构并不是一成不变的，要根据不同的实际情况来编写程序。

1. 用 JMP 指令实现循环

使用 JMP 指令实现循环时，可以指定某一通用寄存器为计数器（一般选用 CX），然后将循环次数置于计数器中；每执行一次循环，使计数器减 1，并测试其值是否为 0，若为 0，则结束循环，否则继续循环。

下面的程序段使用 JMP 指令完成了循环控制。

```
        MOV  CX,N        ;初始化部分
AGAIN:  …               ;循环体部分
        …
        DEC  CX          ;循环控制部分
        JNZ  AGAIN
```

例 5.16 已知数据段从 DATA1 单元开始，存放着 50 名同学的某门课程成绩。请编程求得平均成绩并存放于 DATA2 单元。

分析：每名同学成绩不超过 100 分，所以用字节单元存放成绩就可以了；平均成绩也是小于等于 100 分，所以将 DATA2 单元也定义成字节型。

用 JMP 指令实现循环控制的程序如下：

```
DATA SEGMENT
        DATA1   DB  69,77,38,90,70,85,72,74,84,97
                DB  92,75,78,87,50,70,86,83,62,65
                DB  98,84,75,65,76,80,64,77,82,60
                DB  67,80,90,67,75,45,68,67,80,79
                DB  86,68,78,94,75,67,72,80,75,77
        DATA2   DB  0
DATA ENDS
CODE SEGMENT
        ASSUME CS:CODE,DS:DATA
START:
        MOV AX,DATA
        MOV DS,AX
        MOV AX,0                ;初始化
        MOV CX,50
        MOV BX,OFFSET DATA1
AGAIN:  MOV DL,[BX]             ;循环体
        MOV DH,0                ;将 DL 内容扩展为字
        ADD AX,DX
        INC BX                  ;调整地址指针
        DEC CX                  ;循环控制
        JNZ AGAIN
        MOV DL,50               ;求平均成绩
        DIV DL
        MOV [BX],AL             ;想一想，BX 寄存器为什么不用装入 DATA2 的偏移地址？
        MOV AH,4CH
        INT 21H
CODE ENDS
        END START
```

例 5.17 设 DS:SI 中存放了一个字符串的首地址，字符串以"$"结束，编写程序把该字符串包括结束符"$"显示在屏幕上。

程序如下：

```
DATA  SEGMENT
        BUF DB '123456789ABc$'
ATA  ENDS
```

汇编语言程序设计

```
CODE SEGMENT
      ASSUME CS:CODE,DS:DATA
START:
      MOV  AX,DATA
      MOV  DS,AX
      LEA  SI,BUF             ;SI 指向 BUF
LAB1: MOV  DL,[SI]            ;02 号功能调用,输出字符
      MOV  AH,02H
      INT  21H
      INC  SI                 ;使 SI 指向下一字符
      CMP  DL,'$'             ;判断串尾字符$
      JNE  LAB1               ;不为$则转到 LAB1,继续循环
      MOV  AH,4CH
      INT  21H
CODE  ENDS
      END  START
```

该程序初始化时并没有设置循环次数,而是根据判断字符串尾结束标志来控制循环。另外需要注意的是 INT 21H 的 2 号功能可实现串结束标志"$"的显示,而 9 号功能却不能。

例 5.18 编程计算 100 以内的自然数之和,并将和以十进制的形式输出。

分析:先用循环求得和值,然后采用从高位到低位逐位析出、显示的方法,将和值以十进制方式显示。

程序如下:

```
CODE SEGMENT
      ASSUME CS:CODE
START:
      MOV  AX,0
      MOV  BX,1
L0:   ADD  AX,BX
      INC  BX
      CMP  BX,100
      JBE  L0
;将结果以十进制的形式输出
      MOV  DL,0
L1:   CMP  AX,1000            ;AX 与 1000 比较
      JB   L2
      INC  DL
      SUB  AX,1000            ;析出千位数字到 DL
```

```
            JMP  L1
     L2:    MOV  CX,AX           ;保护 AX 中原内容
            ADD  DL,30H          ;输出千位数字
            MOV  AH,2
            INT  21H
            MOV  AX,CX
            MOV  DL,0
     L3:    CMP  AX,100          ;AX 与 100 比较,析出百位数字
            JB   L4
            INC  DL
            SUB  AX,100
            JMP  L3
     L4:    MOV  CX,AX           ;保护 AX 内容
            ADD  DL,30H          ;输出百位数字
            MOV  AH,2
            INT  21H
            MOV  AX,CX
            MOV  DL,0
     L5:    CMP  AX,10           ;AX 与 10 比较
            JB   L6
            INC  DL
            SUB  AX,10
            JMP  L5
     L6:    MOV  CX,AX
            ADD  DL,30H          ;输出十位数字
            MOV  AH,2
            INT  21H
            MOV  AX,CX
            ADD  AL,30H          ;输出个位数字
            MOV  DL,AL
            MOV  AH,2
            INT  21H
            MOV  AH,4CH
            INT  21H
     CODE   ENDS
            END  START
```

程序运行结果如图 5.7 所示。

2. 用 LOOP 指令实现循环

在编写循环程序时,使用 LOOP 指令更为常见。

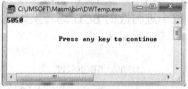

图 5.7 例 5.18 程序运行结果

LOOP 指令格式如下：

    LOOP 标号

CPU 执行一条 LOOP 指令时，其执行过程要完成两步操作：

第一步，(CX)=(CX)-1。

第二步，判断 CX 的值，若 CX 值不为 0，则转到标号处继续执行；若 CX 值为 0，则跳出循环，执行 LOOP 后面的指令。

从指令格式和执行过程可以看出，使用 LOOP 指令应满足两条要求。

① 标号要在 LOOP 之前。

② 在循环初始化时，必须将循环次数置于 CX 中。

例 5.19　编程实现，在一行上依次显示 26 个大写英文字母。

程序如下：

```
CODE SEGMENT
    ASSUME CS:CODE
START:
    MOV CX,26           ;循环初始化，置循环次数
    MOV DL,'A'          ;存入A的ASCII码
LAB1: MOV AH,2
    INT 21H
    ADD DL,1            ;取得下一字符的ASCII码
    LOOP LAB1           ;计数器CX内容减1，如不为0则继续循环
    MOV AX,4C00H
    INT 21H
CODE ENDS
    END  START
```

例 5.20　内存中连续 10 个单元存放着用 BCD 码表示的十进制数，每个单元存放两位数。请编程实现，将每个单元中的两位十进制数分别转换为对应的 ASCII 码并存储，要求高位数码转换后的 ASCII 码存放在相对高地址的单元。

分析：完成 10 个单元数据的转换，使用 LOOP 指令需要循环 10 次。因此，初始化工作应将循环次数 10 置于 CX 中。十进制数字 0～9 的 BCD 码值为 0000～1001。将一位十进制数的 BCD 码转换为 ASCII 码，可将 BCD 码看作为二进制数再加上 30H 即可。

程序如下：

```
DATA SEGMENT
    BCD  DB  01H,23H,45H,67H,89H,01H,23H,34H,56H,67H   ;定义BCD码
    ASCI DB  20 DUP(0)
```

第 5 章 汇编语言程序设计

```
            DB  '$'              ;为显示字符串，置串结束标志
DATA ENDS
CODE SEGMENT
        ASSUME  CS:CODE,DS:DATA
START:  MOV AX,DATA
        MOV DS,AX
        MOV CX,10               ;初始化，置循环次数于 CX
        LEA SI,BCD              ;用 SI 指向 BCD 码区
        LEA DI,ASCI             ;用 DI 指向 ASCII 码区
LO:     MOV AL,[SI]             ;循环体开始
        MOV DL,AL               ;保存 AL 原值
        AND AL,0FH              ;先处理低 4 位的 BCD 码
        ADD AL,30H              ;转换为 ASCII 码
        MOV [DI],AL             ;将 ASCII 码存放到目的区
        INC DI                  ;修改目的地址指针
        MOV AL,DL               ;原值重回 AL 中
        SHR AL,1                ;AL 的高 4 位内容移动到低 4 位
        SHR AL,1
        SHR AL,1
        SHR AL,1
        ADD AL,30H              ;高 4 位转换为 ASCII 码
        MOV [DI],AL
        INC DI                  ;修改地址指针
        INC SI                  ;修改地址指针；循环体结束
        LOOP LO                 ;CX 内容减 1，不为 0 则重新返回 LO 处执行循环
        MOV DX,OFFSET ASCI      ;显示转换完的 ASCII 码字符串
        MOV AH,9
        INT 21H
        MOV AX,4C00H
        INT 21H
CODE ENDS
        END START
```

程序运行结果如图 5.8 所示。

3. 二重循环程序设计

二重循环程序流程图如图 5.9 所示。

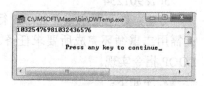

图 5.8　例 5.20 程序运行结果

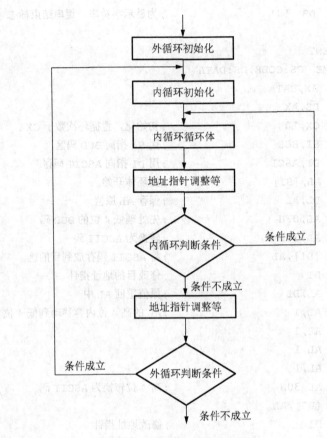

图 5.9 二重循环程序流程图

例 5.21 编程实现，在屏幕上显示如下数字序列。
1234567890
2345678901
3456789012
4567890123
5678901234

分析：题意要求重复显示 5 行，每行中从数字 9 以后又从 0 开始有规律地显示，因此需用二重循环完成所要求任务。现将外重循环设计成以跳转指令实现，内重循环以 LOOP 指令实现。

程序如下：

```
CODE SEGMENT
      ASSUME CS:CODE
START: MOV BL,0                  ;外循环计数初值置于BL中
```

```
        LAB1: MOV CX,10          ;内循环初始化。置每行显示 10 个数的计数值
              MOV DL,'1'         ;第一行中的第一个字符
              ADD DL,BL
        LAB2: MOV AH,02H         ;内重循环的循环体：显示单个字符
              INT 21H
              ADD DL,1
              CMP DL,'9'
              JBE LAB3
              MOV DL,'0'         ;超过 9 则回到 0
        LAB3: LOOP LAB2          ;内循环控制
              MOV DL,0DH         ;回车，为显示下一行做准备
              INT 21H
              MOV DL,0AH         ;换行
              INT 21H
              ADD BL,1           ;行数加 1
              CMP BL,5
              JB  LAB1           ;外循环控制
              MOV AX,4C00H
              INT 21H
        CODE ENDS
              END START
```

程序运行结果如图 5.10 所示。

例 5.22 对内存中 10 个无序数据依据冒泡法进行排序。

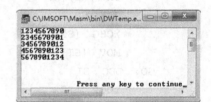

图 5.10 例 5.21 程序运行结果

冒泡法是排序的一种基本方法。下面以数据序列 $a_1,a_2,a_3,\cdots,a_{n-1},a_n$ 为例，说明冒泡法的升序排序的过程。可先用最后一个元素 a_n 与前一个元素 a_{n-1} 比较，若 $a_n<a_{n-1}$，则两者交换，否则，不交换；再从 a_{n-1} 起继续向前比较，把数值小的数放到前面……经过这样的 $n-1$ 次比较，序列中的最小的数被移动到最前面。上面的比较过程称为一趟。在第二趟中，仍从最后进行比较，因为只剩下 $n-1$ 个未排序的数，所以第 2 趟只需要比较 $n-2$ 次……当进行第 $n-1$ 趟时，只剩下两个未排序元素，比较一次即可完成整个排序过程。因此，对具有 n 个元素的序列进行冒泡法排序时，总共需要比较 $n-1$ 趟；在第 i 趟比较中，比较次数为 $n-i$。

程序如下：

```
DATA SEGMENT
     DATA1 DB  9,7,8,6,5,4,2,3,1,0
DATA ENDS
CODE SEGMENT
```

```
        ASSUME CS:CODE,DS:DATA
START:
        MOV  AX,DATA
        MOV  DS,AX
        MOV  CX,10              ;显示数据段中的 10 个无序数；初始化
        LEA  DI,DATA1
        MOV  AH,2               ;这一步很巧妙
DISP1:  MOV  DL,[DI]
        OR   DL,30H             ;把二进制数转换成 ASCII 码
        INT  21H
        INC  DI                 ;地址指针调整
        LOOP DISP1
        MOV  BX,9               ;对 10 个数进行冒泡排序，比较 9 趟
LP1:    MOV  SI,OFFSET DATA1+9
        MOV  CX,BX              ;将趟数传给内重循环计数器 CX
LP2:    MOV  AL,[SI]
        CMP  AL,[SI-1]
        JAE  GO
        XCHG [SI-1],AL
        MOV  [SI],AL
 GO:    DEC  SI
        LOOP LP2
        DEC  BX
        JNZ  LP1
DISP2:  MOV  CX,10              ;显示已排序的序列
        LEA  DI,DATA1
        MOV  AH,2
        MOV  DL,0DH
        INT  21H
        MOV  DL,0AH
        INT  21H
GO1:    MOV  DL,[DI]
        OR   DL,30H
        INT  21H
        INC  DI
        LOOP GO1
        MOV  AH,4CH
        INT  21H
CODE ENDS
        END  START
```

在使用多重循环时,应注意内、外循环不能交叉,否则会引起循环嵌套错误。
程序运行结果如图 5.11 所示。

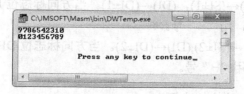

图 5.11　例 5.22 程序运行结果

5.4　数据块的传送

将内存中某一区域的源数据块传送到另一个区域,可使用数据传送指令(MOV)或字符串传送指令(MOVSB)实现。例如,8086 CPU 在进行数据传送时,可以选用下面 3 种方法之一来实现。

① 只使用传送指令(MOV)。
② 使用传送指令(MOV),并建立循环程序结构。
③ 使用串传送指令(MOVSB)及必要的配合指令,但不使用循环程序结构。

显然,第一种方法太麻烦,每次传送都要使用一条 MOV 指令,在数据量较大的情况下是不可行的;第二种方法要在循环体最后部分设置指令来修改地址指针,相对于串传送指令来说,也相对麻烦;第三种的串传送指令方法使用起来非常便捷。

1. 串传送指令的执行过程

从形式上看,串传送指令是 8086 指令系统中唯一可在存储器内实现源操作数与目标操作数之间进行传送的指令。

所有串操作指令均可以实现字节或字传送,常用的串传送指令有以下两种。

```
MOVSB      ;字节串传送
MOVSW      ;字串传送
```

为缩短指令长度,串传送指令均采用隐含寻址方式。源操作数要求存放在数据段中,偏移地址必须由源变址寄存器(SI)提供;目标操作数必须存放在附加段中,偏移地址必须由目的变址寄存器(DI)提供。源操作数和目的操作数也可以安排在同一数据段内,但必须将 DS 和 ES 两个段寄存器同时指向该数据段。

串传送指令的执行能够自动修改 SI、DI 寄存器的值,但修改变化规律必须依据两个因素:一是字节串传送还是字串传送;二是当前方向标志位 DF 的值。当 DF=0 时,表示串传送过程是由低地址向高地址方向进行,SI 和 DI 内容按递增规律变化;当 DF=1 时,则情况正好相反。当字节串传送时,SI、DI 的变化量为 1;当字串传送时,SI、DI 的变化量为 2。

串传送指令的具体执行过程可描述如下：

① ((DI))←((SI))。

② Ⅰ.MOVSB：(SI)←(SI±1)，(DI)←(DI±1)。当方向标志位 DF=0 时，用"+"号；当方向标志位 DF=1 时，用"-"号。

Ⅱ.MOVSW：(SI)←(SI±2),(DI)←(DI±2)。当方向标志位 DF=0 时，用"+"号；当方向标志位 DF=1 时，用"-"号。

2. 重复串传送指令的执行过程

为提高串传送指令的执行效率，可在串传送指令前加上重复前缀，即加上 REP（repeat）前缀。

带有重复前缀的串传送指令在每处理完一个字符串元素传送后，除了自动修改地址指针外，还要将 CX 内容减 1 并检查是否为零：如不为零，重复传送操作；如为零，结束串传送，开始执行串传送指令后面的指令。

综上所述，在使用重复串传送指令之前，必须设置以下内容：

① 方向标志位 DF（使用 CLD 或 STD 指令）。

② 源串首址指针 DS:SI。

③ 目的串首址指针 ES:DI。

④ 串传送重复次数 CX 的值。

显然，串传送指令可以处理的最大串长度为 65 535 个字节（或字）。

3. 地址增量传送还是减量传送

在进行串传送时，必须考虑源数据块和目的数据块是否存在地址重叠的状况。下面给出源数据块和目的数据块不重叠（图 5.12）和重叠（图 5.13）的两种情况。

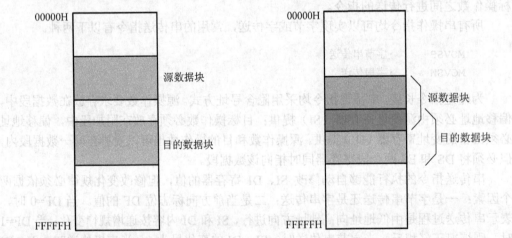

图 5.12　源数据块和目的数据块不重叠　　图 5.13　源数据块和目的数据块重叠

在源数据块和目的数据块地址不重叠的情况下，采用地址增量传送或减量传送都可以；但在地址发生重叠的情况下，应采用地址减量的方式进行传送，就是将 SI、DI 的首地址分别设定为源数据块和目的数据块地址最大值，在传送过程中，SI、DI 两个寄存器的值依次减小。如果在地址重叠情况下使用增量传送，会发生传送数据将部分源数据覆盖的糟糕状况。

4. 数据块传送举例

例 5.23 将 1 KB 源数据块传送到目的数据块单元中。已知，源数据块在数据段中首地址为 2000H，目的数据块在附加段中首地址为 3000H。

分析：源数据块首地址为 2000H，再加上 1 KB 个单元，其末地址为 23FFH，没有达到 3000H，即使两块都在一个段中，也没有发生地址重叠，因此，可采用地址增量方式传送。

完成数据块传送的程序段如下：

```
CLD                ;使标志位 DF=0，从而进行地址增量方式传送
MOV CX,1024        ;设置计数器值，从而决定传送次数
MOV SI,2000H       ;源数据串首元素的偏移地址送 SI
MOV DI,3000H       ;目的数据串首元素的偏移地址送 DI
REP MOVSB          ;重复串传送操作，直到 CX=0 为止
```

例 5.24 编程实现，将数据段中从偏移地址 1000H 开始的 1 KB 数据传送到该段从 1050H 开始的单元中。

分析：源数据块和目的数据块发生了地址重叠，因此要采用地址减量的方式传送。

程序如下：

```
DATA SEGMENT
    NUM DB 1450H DUP(16)
DATA ENDS
CODE SEGMENT
    ASSUME CS:CODE,DS:DATA,ES:DATA
START:
    MOV AX,DATA
    MOV DS,AX
    MOV ES,AX
    MOV CX,1024        ;初始工作
    MOV SI,13FFH       ;源数据块末地址
    MOV DI,144FH       ;目的数据块末地址
    STD                ;地址减量方式传送
    REP MOVSB
```

```
CODE ENDS
    END START
```

5.5 段超越前缀

操作数的寻址方式已经涉及段超越前缀的初步使用方法，本节将结合程序实例，对段超越前缀应用做一个较为系统的总结。

先来看一个使用定义在代码段中数据的例子。

例 5.25 在代码段的开始位置定义了一个字符串，要求用 INT 21H 的 9 号功能把字符串显示出来。

程序如下：

```
CODE SEGMENT
    ASSUME CS:CODE
    DB 'MY NAME IS WANGPING','$'
START:
    MOV AX,CS       ;段寄存器 CS 的值可传送给通用寄存器，但反过来不可以
    MOV DS,AX       ;将数据段设置为与代码段相同
    MOV DX,0        ;将数据段中字符串首址装入 DX 寄存器
    MOV AH,9
    INT 21H
    MOV AH,4CH
    INT 21H
CODE ENDS
    END START
```

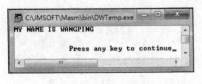

图 5.14 例 5.25 程序运行结果

本例使用了代码段中定义的数据，具体使用方法是，将数据段设置为与代码段同段。该方法能够实现字符串输出，程序运行结果如图 5.14 所示。

当然，使用其他段中的数据还有一种方法——段超越前缀。

如果操作数存储在存储器中，可以使用 SI、DI、BX、BP 这 4 个寄存器之一作为寻址寄存器。根据系统隐含约定，如将 SI、DI 或 BX 内容作为偏移地址的一部分，那么系统默认引用的段寄存器是 DS；如果将 BP 内容作为偏移地址的一部分，系统默认引用的段寄存器是 SS。

所谓段超越前缀，就是打破系统对段寄存器引用的隐含约定，从而实现对其他段中数据进行操作。

例如，MOV AX,ES:[BX]指令，其中"ES:"就是段超越前缀，表示引用的段寄存器是 ES。

段超越前缀有以下 4 种。
- "CS:"为代码段超越前缀，表示使用代码段中的数据。
- "SS:"为堆栈段超越前缀，表示使用堆栈段中的数据。
- "DS:"为数据段超越前缀，表示使用数据段中的数据。
- "ES:"为附加段超越前缀，表示使用附加段中的数据。

现将访问存储器操作按能否使用段超越前缀进行分类，如表 5.1 所示。

表 5.1 存储器操作使用段超越前缀情况分类

访问存储器操作	系统默认段寄存器	是否可使用段超越前缀	可用前缀种类
取指令	CS	否	
堆栈操作指令	SS	否	
以 BP 为基址指令	SS	是	CS、DS、ES
一般数据访问指令	DS	是	CS、ES、SS
串操作源操作数	DS	是	CS、SS、ES
串操作目的操作数	ES	否	

对于例 5.25，如采用段超越前缀的方式，将代码段中的数据传送到数据段，然后调用 INT 21H 的 9 号功能，会同样实现字符串的输出。程序如下：

```
      DATA SEGMENT
          A DB 20 DUP(0)
      DATA ENDS
      CODE SEGMENT
ASSUME CS:CODE,DS:DATA
          DB 'MY NAME IS WANGPING','$'
START: MOV AX,DATA
       MOV DS,AX
       MOV SI,0
       MOV BX,0
       MOV CX,20
   LP: MOV AX,CS:[BX]    ;将代码段数据传送到数据段，[BX]前使用了段超越前缀CS：
       MOV [SI],AX
       INC SI
       INC BX
       LOOP LP
       MOV DX,0          ;显示数据段中的字符串
       MOV AH,9
```

```
            INT 21H
        MOV AH,4CH
            INT 21H
   CODE ENDS
        END START
```

5.6 堆栈操作程序

5.6.1 堆栈的基本概念

在 4 种段寄存器 CS、DS、ES 和 SS 之中，CS 存放代码段的段地址，DS 和 ES 存放数据段的段地址，SS 是堆栈段寄存器，它的作用当然是存放堆栈段的段地址。那么，什么是堆栈？堆栈又有哪些用途？本节就来介绍堆栈的概念及利用堆栈的编程方法。

1. 认识堆栈

堆栈是一段按照后进先出（Last In First Out，LIFO）存取方式工作的特殊内存区域。为理解好后进先出的存取方式，来看一个弹匣使用的例子，如图 5.15 所示。当把子弹一颗颗压入弹匣的时候，第一颗子弹就装入弹匣的最底部。

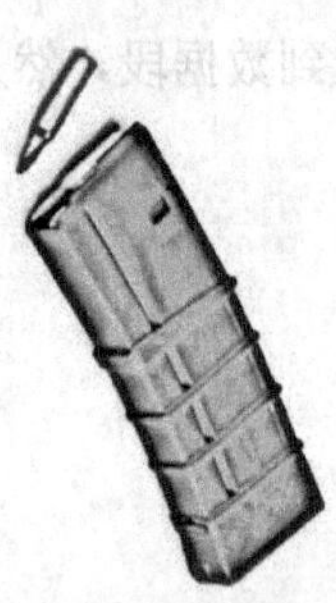

当枪支射击时，子弹只能从弹匣的顶部一颗颗按顺序弹出，并被送入枪膛。子弹进出弹匣总是从弹匣顶部开始的，这与堆栈的操作规律非常类似。

2. 堆栈的管理机制

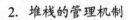

图 5.15 堆栈的弹匣示例

8086 CPU 使用堆栈段寄存器（SS）和堆栈指针寄存器（SP）来建立和管理堆栈。如果想在内存中建立一个堆栈，要给出 SS 和 SP 值，如图 5.16 所示。SS 给出堆栈的段地址，SP 专门用来存放栈顶单元的偏移地址。

先建立一个空栈。堆栈指针 SP 的建栈初始值总是指向堆栈段的下一个单元。例如，要将内存 1234H:0000H～1234H～000FH 的 16 个字节单元设置为堆栈，SS 的值应设置为 1234H，SP 的值应设置为 0010H。SP 的初始值就是堆栈的字节数长度，堆栈的最大长度不能超过 64 KB。SP 的内容会随栈操作指令的执行而自动增量或减量变化，变化值为 2。

3. 栈顶和栈底

堆栈的存取操作是以字为单位进行的，而且发生在以 SP 指示的栈顶，如图 5.17 所示。假设在栈中已依次压入了两个字数据,那么第一个压入字所在单元的地址就是栈底。

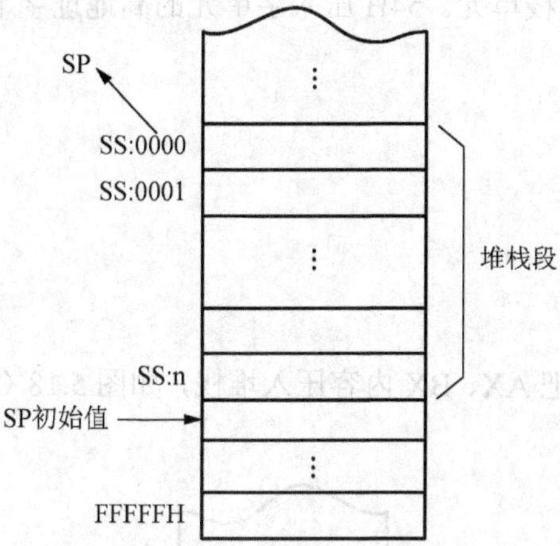

图 5.16 堆栈示意图

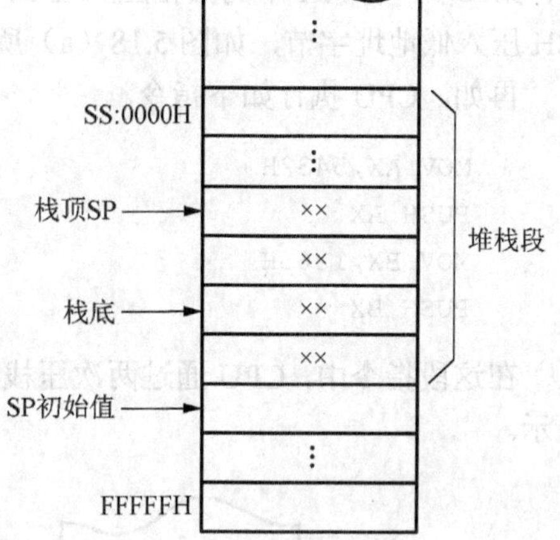

图 5.17 栈底与栈顶

随着存取操作的进行,SP 的值会自动增量或减量变化,就是说栈顶是浮动的,而栈底是固定不动的。

很多书上说,在对栈进行初始化时,栈底与栈顶是重合的,即 SS:SP 既指向栈底也指向栈顶。这就与上面给出的栈底的定义发生了矛盾,其实,这只是按习惯定义而已。不像水桶、弹匣都有一个"封死"的底,栈其实没有真正意义的"底",它只是使用者心目中的"界限"或"底线"而已。通过对下面栈操作的学习,大家就能够逐渐理解"栈无底"的含义了。

4. 栈操作指令

栈的基本操作指令有两条:压栈指令 PUSH 和出栈指令 POP。
PUSH 指令可以将通用寄存器、段寄存器或存储单元的内容压入堆栈。例如:

```
PUSH AX
PUSH DX
PUSH DATA2
PUSHF
```

CPU 执行 PUSH 指令的过程如下:
(SP)←(SP)-2
((SP))←数据
例如,针对上面已建好的 16 字节的空栈,CPU 执行如下指令。

```
MOV AX,5432H
PUSH AX
```

当执行 PUSH AX 指令时，第一步，SP 寄存器内容先自动减 2，并给 SP 寄存器赋值；第二步，将 AX 中的数据压入由 SP 指定的栈单元。54H 压入字单元的高地址字节，32H 压入低地址字节，如图 5.18（a）所示。

再如，CPU 执行如下指令。

```
MOV AX,5432H
PUSH AX
MOV BX,1265H
PUSH BX
```

在这段指令中，CPU 通过两次压栈，依次把 AX、BX 内容压入堆栈，如图 5.18（b）所示。

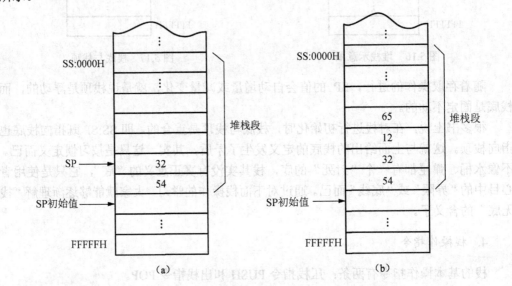

图 5.18 压栈过程

如果继续执行压栈指令，当总共压入了 16 个字节或 8 个字的内容后，栈指针 SP 的值是多少呢？很容易计算，这时的 SP 值为 0，表示栈已满。

POP 指令可以将栈顶单元内容送到通用寄存器、段寄存器（CS 除外）或存储单元中。例如：

```
POP AX
POP DS
POP DATA2
POPF
```

CPU 执行 POP 指令的过程如下：

寄存器或内存字单元←(栈顶)
(SP)←(SP)+2
例如,CPU 执行如下指令。

```
MOV AX,5432H
PUSH AX
MOV BX,1265H
PUSH BX
POP CX
```

当 CPU 执行到 POP CX 指令时,先把栈顶字单元内容送到 CX 寄存器,然后将 SP 内容自动加 2 并重新给 SP 赋值。

如果接下来再执行一条指令:

```
POP DX
```

这时栈空了,SP 值重新恢复到建栈时的初始值。上述出栈过程如图 5.19 所示。

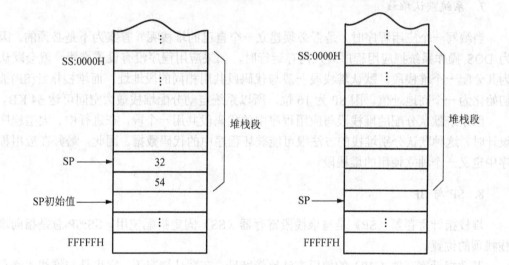

图 5.19 出栈过程

在栈空的情况下,再执行一条 POP DX 指令,情况又会如何呢?这时,照样能弹出数据到 DX 寄存器,指针 SP 值也继续向高地址方向增加了 2,这就说明栈是"无底"的。

不过,在栈空情况下继续执行出栈指令,也意味着危险的事情要发生了。

5. 堆栈的超界问题

当栈满时,SP=0,如再将一个字内容压栈,还会有(SP)←(SP)-2,SP 的值变为 0FFFEH,入栈字内容被存入 SS:SP 处。这明显是栈的越界操作,会覆盖其他程序数据,从而造成严重后果。因为 8086 CPU 内部没有记忆栈限的寄存器,对发生的这种错误是不会主动管理的。

同理，当栈空的时候，也能继续使用 POP 出栈指令弹出字数据，CPU 对这种越界同样也不会去管理。

为应对上面提到的越界问题，该怎么办呢？办法只能是精心设计堆栈，既能达到栈空间足够应用程序使用，也不造成空间浪费。

6. 堆栈的应用

8086 CPU 内部寄存器数目有限，这就决定了堆栈具有重要的应用价值，具体体现在如下方面。

- 暂时存储数据。
- 保存和恢复寄存器。
- 过程调用或中断处理时暂存断点信息。
- 过程调用时传递参数。

7. 系统默认堆栈

当编写一个应用程序时，是否必须建立一个自己的堆栈呢？答案为不是必须的。因为 DOS 操作系统把应用程序装入内存运行时，如果应用程序没有设置堆栈，就会默认为其分配一个堆栈段。默认堆栈段一般与代码段共用相同的段地址，而堆栈指针(SP)被初始化为一个高地址值。因 SP 为 16 位，所以系统自动分配堆栈最大空间可达 64 KB。

因系统默认分配的堆栈段与应用程序中的代码段共用一个段，在进行中、大型程序设计时，这种默认分别堆栈的方法很可能破坏程序中的代码数据。因此，最好在应用程序中定义一个独立使用的堆栈段。

8. SP 与 BP

堆栈指针寄存器（SP）是与堆栈段寄存器（SS）固定搭配使用，SS:SP 总是指向堆栈栈顶的位置。

基数指针寄存器（BP）的使用方法比较特殊，在默认情况下，它也是与堆栈段寄存器（SS）配合使用，SS:BP 能够指向堆栈元素的位置。

BP 和 SP 在堆栈操作时的使用方法有何区别呢？SP 固定与 SS 搭配使用，SP 总是指向栈顶，且它的值会随带有堆栈的操作的 PUSH、POP、CALL、INT 等指令的执行而发生变化。这些指令的执行不会影响 BP 值。BP 一般用于子程序中，带参数子程序使用 BP 来获取参数或临时变量。

5.6.2 堆栈操作程序举例

例 5.26 如果将内存 10000H～1FFFFH 范围内的单元作为堆栈段使用，初始化堆栈时，堆栈段寄存器（SS）设置为 1000H，问：堆栈指针（SP）应设置为多少？栈底地址是什么？

在初始化时，SP 总是指向栈底的下一个单元，所以 SP=0。因为将栈底定义为第一个压栈字的地址，所以栈底逻辑地址为 1000:FFFEH。

例 5.27 完成下面程序段对堆栈的初始化过程。

```
STACK SEGMENT
DW 0,0,0
STACK ENDS

CODE SEGMENT
START: MOV AX,STACK
       MOV SS,AX
       MOV SP,?
```

因为在堆栈段定义了 3 个字共 6 个字节，所以 SP 值应该设置为 6，即堆栈空间为 6 个字节，偏移地址范围是 0000H～0005H。

例 5.28 写出实现交换寄存器 AX、BX 内容的程序段，画出栈使用状况图。

程序段如下：

```
PUSH AX
PUSH BX
POP AX
POP BX
```

堆栈使用状况如图 5.20 所示。

例 5.29 补充程序段画线处内容。

```
MOV AX,0FFFFH
MOV DS,AX
MOV AX,2000H
MOV SS,AX
MOV SP,0100H
MOV AX,[0]
MOV BX,[4]
PUSH AX          ;SP=_____H，修改内容内存单元的地址是_____
PUSH BX          ;SP=_____H，修改内容内存单元的地址是_____
POP [0]
POP [4]
;整个程序段实现的功能是_____
```

问题解答如下：

SP=00FEH，修改内容内存单元的地址是 2000:00FEH；

SP=00FCH，修改内容内存单元的地址是 2000:00FCH。

整个程序段实现的功能是将数据段中 0FFFFH:0000H 与 0FFFFH:0004 字单元内容相交换。

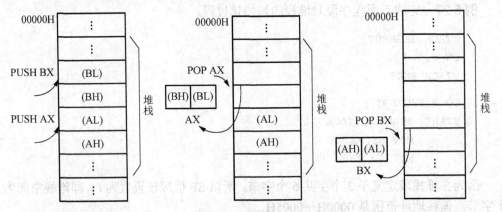

图 5.20 堆栈使用状况

例 5.30 将内存中 10 个字数据逆序存放到堆栈段中。

分析：将数据依次压栈时，第一个数据首先被装入堆栈的最高字地址处，然后在相邻的低字地址处装入第二个数据，所以将数据从前（低地址）到后（高地址）压入堆栈，即可实现将原数据在堆栈中逆序存放。

实现数据存放要求的完整程序如下：

```
ASSUME CS:CODE,DS:DATA,SS:STACK
DATA SEGMENT
    DW 1,2,3,4,5,6,7,8,9,10
DATA ENDS
STACK SEGMENT
    DW 0,0,0,0,0,0,0,0,0,0
STACK ENDS
CODE SEGMENT
START: MOV AX,DATA
    MOV DS,AX
    MOV AX,STACK        ;使用 AX 传送堆栈段地址
    MOV SS,AX
    MOV SP,14H          ;将堆栈空间设置为 20 个字节长度
    MOV BX,0
    MOV CX,10           ;10 次字数据入栈操作
S:  PUSH [BX]           ;将数据段中第一个字数据入栈
    ADD BX,2
```

```
        LOOP S
        MOV AX,4C00H
        INT 21H
CODE ENDS
        END START
```

例 5.31 用堆栈实现内存中 10 个字数据的逆序存放,要求存放的数据占据原来 10 个字数据的位置。

分析:实现此要求可以借助堆栈。先把数据依次逆序压入堆栈,然后使数据依次出栈到原数据位置即可。

程序如下:

```
    ASSUME CS:CODE,DS:DATA,SS:STACK
    DATA SEGMENT
        DW 1,2,3,4,5,6,7,8,9,10
    DATA ENDS
    STACK SEGMENT
        DW 0,0,0,0,0,0,0,0,0,0
    STACK ENDS
    CODE SEGMENT
    START: MOV AX,DATA
        MOV DS,AX
        MOV AX,STACK
        MOV SS,AX
        MOV SP,14H
        MOV BX,0           ;将数据逆序存放到堆栈中
        MOV CX,10
     S: PUSH [BX]
        ADD BX,2
        LOOP S
        MOV BX,0           ;将数据出栈到原数据位置
        MOV CX,10
    S1: POP [BX]
        ADD BX,2
        LOOP S1
        MOV AX,4C00H
        INT 21H
    CODE ENDS
        END START
```

例 5.32 用设置在代码段内的堆栈实现,将内存 0:0H 至 0:15H 单元中的内容依次

改写程序最前端的 8 个字数据。

程序如下：

```
ASSUME CS:CODE
CODE SEGMENT
    DW 0321H,0234H,0667H,0556H,3ACDH,668AH,0798H,3334H
    DW 0
START: MOV AX,CS              ;在代码段中定义堆栈段
    MOV SS,AX
    MOV SP,12H
    MOV AX,0                  ;在代码段中定义数据段
    MOV DS,AX
    MOV BX,0
    MOV CX,8
S:  PUSH [BX]                 ;内存数据压栈
    POP CS:[BX]               ;数据出栈到代码段，改写前端数据
    ADD BX,2
    LOOP S
    MOV AX,4C00H
    INT 21H
CODE ENDS
    END START
```

5.7 端口操作程序

5.7.1 端口的概念

1. 接口的定义

在计算机系统中，CPU 芯片是工作速度最快的设备。外部 I/O 设备相比 CPU 来说，工作速度要慢很多。欲使计算机与外部设备之间能进行正常通信，就要在 CPU 与外设之间设置起到连接作用的逻辑电路，这就是接口电路，简称接口。例如，键盘的接口在系统板靠近键盘插座的位置；显示器的接口就是显卡。

接口与 CPU、I/O 设备之间的结构关系如图 5.21 所示。

图 5.21　接口与 CPU、I/O 设备的关系

接口电路所起的具体作用如下：

① 能够解决 CPU 与外设之间电信号不兼容的问题。

这里的电信号不兼容指两方面内容：一方面是指信息类型不兼容；另一方面是指电平标准不兼容。

在 CPU 与接口之间传送的信号都是数字逻辑信号，而在接口与 I/O 设备之间传送的信号就复杂了，有的是数字信号，而有的是模拟信号，这要根据外设的需求而定。数字和模拟信号之间的转换可由接口电路中设置的数/模和模/数转换控制器来完成。

在电平标准方面，举个例子来说就很好理解了。例如，CPU 通过 RS 232 串口向外设送一位数字"1"，那么 CPU 先经过数据线送给 RS 232 一个 5 V 的电平信号，而按照国际电气标准，经 RS 232 送到外设的逻辑电信号却是-12 V。这个电平转换过程需要 RS 232 内部的电平转换驱动器来自动完成。

② 能够解决 CPU 与外设之间速度不匹配的问题。

在接口电路中设置起缓冲作用的寄存器或 RAM 芯片，就能够起到调节通信速度的作用。

③ 能够解决数据格式转换的问题。

数据格式转换是指串/并和并/串转换。CPU 和接口之间传送的数据都是并行的，而接口和外设之间传送的数据格式有的是并行的，而有的是串行的，当需要的时候，就在接口电路中设置并/串或串/并转换电路。显然，RS 232 能够双向收发串行数据，那么在它内部就必须设置数据格式转换电路。

④ 能够进行地址译码，从而指向接口内部不同的端口。

2. 端口的定义

简单地说，端口就是能够被 CPU 操作的接口中的寄存器。I/O 端口是 CPU 与输入/输出设备之间交换数据的场所，通过 I/O 端口，CPU 可以接收输入设备的输入数据，也可向输出设备发送数据。

端口分为 3 类，即数据端口、控制端口和状态端口。不同的接口电路含端口的种类和数目并不相同。

端口结构如图 5.22 所示。

各端口的作用如下：
- 数据端口：暂存数据。
- 控制端口：存放 CPU 发来的命令。
- 状态端口：存放外设工作状态，以供 CPU 查询。

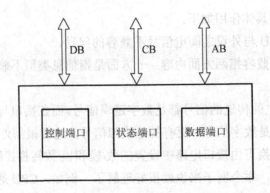

图 5.22 端口结构

3. I/O 端口地址

在一个计算机系统中,为了区分各端口,就需要给不同的端口进行编号,这种 I/O 端口编号就称为 I/O 端口地址。

8086 系统可以使用 20 条地址线中的低 16 条来寻址端口,地址编号可从 0000H 编排到 0FFFFH,地址空间大小为 64 KB。

大家会发现这个地址范围和内存单元地址有重叠。这个不用担心,因为 8086 CPU 对外设读/写使用的是特殊的数据传送指令,即 IN 或 OUT 指令。当这样的指令执行时,CPU 会使用 $M/\overline{IO}$ 引脚发出的控制信号关闭存储器,从而使数据只在 CPU 和端口之间进行传送。

表 5.2 中给出几个重要 I/O 设备的端口地址及名称(以 PC/AT 机为例)。

表 5.2 I/O 设备的端口地址及名称

端口地址	端口名称	端口地址	端口名称
0020～003FH	可编程中断控制器(8259)端口	0200～020FH	游戏控制端口
0040～0043H	可编程定时/计数器(8253)端口	0278～027AH	3 号并行口
0060～0063H	并行接口芯片(8255)端口	02F8～02FEH	2 号串行口
0060H	键盘输入数据端口	0378～037AH	2 号并行口
0061H	数字扬声器端口	03B0～03BBH	单色显示器端口
0070H	CMOSRAM 芯片地址端口	03BC～03BEH	1 号并行口
0071H	CMOSRAM 芯片数据端口	03F8～03FEH	1 号串行口
00F0～00FFH	协处理器占用	03FFH	保留
01F0～01F7H	0 号硬盘占用		

5.7.2 输入/输出指令

由于 I/O 端口和内存单元分别独立编址,端口不能再使用普通的 MOV 访问内存指令来和 CPU 传送数据,而是采用专门的 I/O 端口数据传送指令。I/O 端口数据传送指令只有两种,即输入 IN 指令和输出 OUT 指令。

I/O 端口的寻址方式有直接端口寻址和间接端口寻址两种。直接端口寻址是在指令中直接给出要访问的端口地址,端口地址用一个 8 位二进制数表示,最多允许寻址 256 个端口。当访问的端口地址数大于等于 256 时,直接端口寻址不能满足要求,而要采用间接端口寻址方式。此时,规定端口地址必须由 DX 寄存器指定,允许寻址 64 K 个端口。

8086 系统规定,与端口传送数据只能使用 AL 或 AX 寄存器。使用 AL 寄存器完成字节传送,使用 AX 寄存器完成字传送。

1. 输入指令 IN

输入指令 IN 的一般格式如下:

```
IN AL/AX,PortNo/DX
```

该指令的作用是从端口中读入一个字节或字,并保存在寄存器 AL 或 AX 中。
例如:

```
IN AL,60H        ;从地址为 60H 的键盘端口读入一个字节传送到 AL 寄存器中
IN AL,40H        ;从地址为 40H 的定时/计数器某端口读入一个字节传送到 AL 寄存器
MOV DX,03BCH     ;从地址为 03BCH 的端口读入一个字节到 AL 寄存器
IN AL,DX
MOV DX,03BCH     ;从地址为 03BCH 的端口读入一个字到 AX 寄存器
IN AX,DX
```

2. 输出指令 OUT

输出指令 OUT 的一般格式如下:

```
OUT PortNo/DX,AL/AX
```

该指令的作用是将寄存器 AL 或 AX 中的一个字节或字输出到端口中。
例如:

```
OUT 50H,AL       ;将 AL 中的字节内容输出到地址为 50H 的端口中
MOV DX,278H      ;将 AL 中的字节内容输出到地址为 278H 的端口中
OUT DX,AL
```

注意:输入/输出指令与存储器传送指令在寻址方式上的差异。

5.7.3 端口操作编程

CPU 与外设端口之间的数据传送方式有无条件传送方式、查询方式和中断方式。由

汇编语言程序设计

于篇幅所限，本节中的实例只针对无条件传送方式编程。

无条件传送方式是指 CPU 不查询外设的工作状态，直接使用输入/输出指令来完成数据传送。此种传送方式只适合于外设反应时间已知的情况。

例 5.33 图 5.23 为某输入设备接口电路图，CPU 可无条件对该设备进行读取。CPU 执行输入指令时，先利用地址总线的低 16 位 $A_0 \sim A_{15}$ 向端口发出 16 位地址信息，并与读信号 $\overline{RD}$ 作用，使三态 OC 门的使能端 $\overline{EN}$ 有效，将三态门打开，再从三态数据端口读取数据。当数据读取完毕，地址信号和读信号撤销，三态门使能端无效，呈现高阻态，将输入设备与系统总线隔离开。

假设输入设备数据端口地址为 200H，要求无条件连续输入 400 个字节内容，并存放到内存从 buffer 开始的缓冲区，请编程实现。

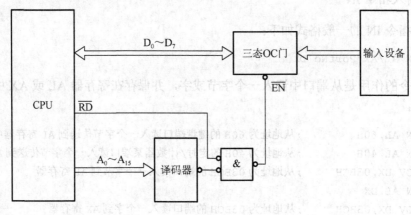

图 5.23 接口电路

程序如下：

```
START: MOV  AX,DATA
       MOV  DS,AX
       MOV  DI,offset buffer
       MOV  CX,400          ;读入字节个数
       MOV  DX,200H         ;端口寻址采用 DX 寄存器间址方式
LOP1:  PUSH CX              ;循环次数入栈
       MOV  CX,50H          ;循环延时
LOP2:  NOP
       NOP                  ;空操作指令
       NOP
       LOOP LOP2
       POP  CX              ;循环次数出栈
       IN   AL,DX           ;读入一个字节到 AL 寄存器
```

· 128 ·

```
            MOV   [DI],AL         ;将读入内容送到缓冲区
            INC   DI
            LOOP  LOP1
```

以上程序使用的 NOP 指令为空操作指令。CPU 对该指令译码后什么也不做,因此该指令起到了延时的目的。

思考:如果例 5.33 中的外部设备是工作在无条件传送方式下的输出设备,现要求将内存缓冲区从 buffer 开始的 400 个字节内容传送到该设备,该如何编写程序呢?

其实很简单,将源程序中的输入指令改为输出指令就可以达到目的了。

程序如下:

```
    START:  MOV   AX,DATA
            MOV   DS,AX
            MOV   SI,offset buffer
            MOV   CX,400
            MOV   DX,200H
    LOP1:   PUSH  CX
            MOV   CX,50H
    LOP2:   NOP
            NOP
            NOP
            LOOP  LOP2
            POP   CX
            MOV   AL,[SI]
            OUT   DX,AL
            INC   SI
            LOOP  LOP1
```

5.8 用户中断服务程序

5.8.1 关于中断的相关概念

为了提高 CPU 的工作效率,在计算机系统中引入了一个重要概念——中断。在计算机系统中,中断可以说无处不在,越来越能体现其应用价值。

1. 什么是中断

所谓中断,是指 CPU 在正常运行程序时,由于内部或外部事件引起 CPU 暂停当前程序的执行,转去执行与事件对应的服务程序,待服务程序执行完毕后又返回中止程序

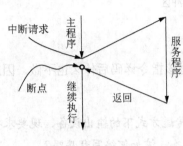

图 5.24 中断过程

断点处继续执行的过程。中断过程如图 5.24 所示。

我们把引起中断的事件称为中断源。

8086 系统中常见的中断源如下：

① 输入输出设备，如键盘、显示器、打印机等。

② 数据通道，如磁盘等。

③ 实时时钟，如定时计数器芯片 8253 产生的定时中断请求信号。

④ 故障信号，如电源掉电等。

⑤ 软件指令，如中断调用 INT n 指令。

断点指的是中断服务程序返回主程序处继续执行指令的 CS:IP 值。

2. 中断的种类

按中断源位置可把中断分为外部中断和内部中断，每种中断由类型号（0～255）标识。

外部中断就是指在 CPU 之外产生的中断。外部中断的中断源一般为主板设备或 I/O 设备，因此，外部中断又称为硬件中断。

外部中断分为可屏蔽中断（INTR 中断）和非屏蔽中断（NMI 中断）。可屏蔽中断产生后 CPU 可不响应，这取决于标志寄存器中 IF 位的设置情况。当 IF 位被设置为 1 时，CPU 响应可屏蔽中断；当 IF 位被设置为 0 时，CPU 不响应可屏蔽中断。一旦非屏蔽 NMI 中断发出请求，CPU 必须响应。

内部中断是 CPU 执行指令时产生的，因此，内部中断也被称为软件中断。

软件中断不可屏蔽。在 8086 系统中，能够产生软件中断的中断源有以下几种。

① DIV 指令：当执行除法指令时，如果出现除数为 0 的情况，则产生中断类型号为 0 的中断，称为除法错中断。

② 单步中断：与 TF=1 时，CPU 产生单步中断，执行完每条指令都要停下来进行调试。单步中断类型号为 1。

③ INTO 指令：当溢出标志为 1，且 CPU 执行该指令时，则产生中断类型号为 4 的溢出中断。

④ INT n：中断调用指令中断。n 为中断类型号，n 的取值范围为 0～0FFH。

在 INT n 指令中，类型号 n 为 3 时的中断很特别。当 CPU 响应 INT 3 中断指令时，将产生一个字节的指令代码，并停止执行程序，显示程序的运行结果，进入断点调试状态。

3. 中断的优先级

CPU 对不同中断的响应顺序不同。如果同时产生多个中断，那么，CPU 先响应优先级高的中断。

各类中断优先级从高到低为：软件中断→NMI 中断→INTR 中断→单步中断。

单步中断虽属于软件中断，但它很特殊，级别最低。

4. 中断的嵌套

中断的嵌套是指高级别的中断源能够中断低级别中断服务程序的执行。嵌套过程如图 5.25 所示。

图 5.25 中标示出服务程序 2 能中断服务程序 1，也就是说，服务程序 2 的优先级高。当服务程序 2 执行完毕后，返回服务程序 1 的断点处；执行服务程序 1 执行完毕后再返回主程序的断点处继续执行。

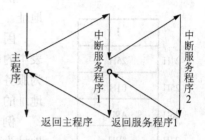

图 5.25 中断的嵌套过程

5. 中断向量及中断向量表

中断向量是指中断服务程序的入口地址，即中断服务程序第一条指令的 CS:IP 值。CPU 一旦得到该入口地址，就能转到服务程序去执行。将中断向量在内存中编排而成的表就是中断向量表。

在 8086 系统中，内存 RAM 的前 1 KB 空间被安排为中断向量表，该向量表是开机初始化时由 BIOS 和 DOS 负责建立的。中断向量表如图 5.26 所示。

图 5.26 中断向量表

每个中断向量在中断向量表中占用 4 个字节空间，其中低地址的 2 个字节内容为 IP 值，高地址的 2 个字节内容为 CS 值。

1 KB 含有 1024 个字节，因此中断向量表能够容纳 256 个中断向量。

中断向量在中断向量表中的首地址为中断类型号乘以 4。

例 5.34 求类型号 3 中断的中断向量在中断向量表中的地址。

因 3×4=0CH，所以类型号 3 中断的中断向量在中断向量表中的起始地址为 00000:0CH。其中，0CH、0DH 两单元内容为服务程序入口地址的 IP 值；0EH、0FH 两单元内容为入口地址的 CS 值。

例 5.35 键盘中断的类型号为 09H，中断服务程序的入口地址为 0BA9:0125H，画图表示该中断向量在中断向量表中的存储情况。

因 09H×4=24H，所以类型 09H 中断向量在中断向量表占用从 00000:24H 开始的 4 个单元。这 4 个单元的内容如图 5.27 所示。

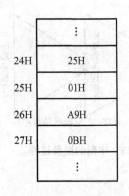

图 5.27　中断向量的存储

5.8.2　中断处理过程

CPU 对中断的处理过程包括中断响应、中断服务及中断返回过程。理解好中断处理过程，对中断服务程序的编写和使用至关重要。

中断处理过程如下：

1. 中断请求

中断请求信号由中断源发出。中断请求信号产生后先被锁存，直到 CPU 响应该中断后，请求信号才可清除。

2. 中断响应

中断响应是指，当 CPU 执行完当前指令并发现有中断请求，则中止程序的执行，并自动转入中断服务程序的过程。中断响应过程由 CPU 内部中断装置自动完成。

响应中断的条件如下：
① CPU 执行完当前指令。
② 中断未被屏蔽。
③ 该中断请求在当前所有请求中级别最高。

中断响应过程的执行步骤如下：
① CPU 在当前执行指令结束时，响应中断，进入中断响应周期。
② 获取中断类型号 n。
③ 从引脚发出中断应答 INTA 信号（针对 INTR 中断）。
④ 将状态标志寄存器和程序断点入栈保护；TF 和 IF 标志位清零（有利于保护现场）。

CPU 对标志和断点的保护，相当于按顺序执行了如下指令。

```
PUSHF
PUSH CS
PUSH IP
```

⑤ 装入中断向量[(IP)=(n×4),(CS)=(n×4+2)]，从而转入中断服务程序。

CPU 对内部中断必须响应，而且由硬件自动形成中断类型号，并从向量表中取得中断向量，装配 IP 和 CS，从而转入中断服务程序。对于外部产生的 NMI 中断，CPU 也必须响应，自动产生中断类型号为 2，从而转入相对应的中断服务程序。CPU 执行完当前指令，检测到外部有 INTR 信号请求，且标志位 IF=1，则转入中断响应周期。因外部可屏蔽中断的中断源较多，则由主板上的中断控制器 8259 芯片负责向 CPU 传送优先级最高中断的类型号。

3. 中断处理

中断处理由中断服务程序实现。

4. 中断返回

返回到主程序断点处，继续执行主程序。

在中断处理过程中，中断服务程序应该完成哪些工作呢？中断服务程序应完成的工作体现在图 5.28 中。只要牢记中断服务程序的工作流程，编写服务程序也就不是什么难事了。

中断服务程序的工作流程如下：

① 保护现场。现场的概念和断点的概念不同，它指的是在主程序中使用的通用寄存器内容。如果不对现场进行保护，那么中断服务程序的执行势必使现场内容丢失。其实，现场寄存器内容也不必全部保护，中断服务程序要用到哪些寄存器，把它们的内容保护好就可以了。保护现场的方法是使用 PUSH 指令，将寄存器内容压入堆栈。

② 开中断。开中断的目的是允许中断嵌套，即在进行中断服务时，CPU 允许更高级别中断的响应。开中断使用 STI 指令。

③ 中断服务。对中断源请求的处理。

④ 关中断。保证恢复现场时不被新中断破坏。关中断使用 CLI 指令。

⑤ 恢复现场。为正常返回主程序做准备。恢复现场的方法是使用 POP 出栈指令，按反顺序将原来

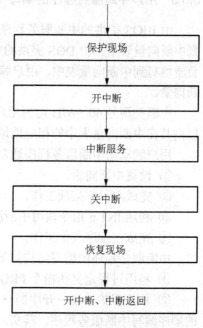

图 5.28 中断服务程序工作流程

入栈保护的寄存器内容送回到原来位置。

⑥ 开中断。为保证返回主程序后能继续响应 INTR 中断请求。

⑦ 中断返回。将主程序断点和标志寄存器内容重新送回到标志寄存器、IP 和 CS，使主程序从断点处继续执行。

中断返回使用 IRET 指令，执行该条指令，相当于 CPU 按顺序执行了如下操作：

① 从栈顶弹出内容送入 IP（POP IP）。

② 从新栈顶弹出内容送入 CS（相当于 POP CS，该指令本身并不合法）。

③ 从新栈顶弹出内容送入标志寄存器（POPF）。

例 5.36 阐述 INT 21H 中断的 CPU 处理过程。

当 CPU 从内存中取出 INT 21H 指令后，CS:IP 值（断点）为程序中 INT 21H 后面指令在内存中的逻辑地址。

当 CPU 执行 INT 21H 指令时，就进入中断处理过程。处理过程如下：

① CPU 取得中断类型号 21H。

② 标志、CS、IP 值入栈。

③ 装入中断向量：(IP)=(84H、85H)，(CS)=(86H、87H)。

④ 执行中断服务程序。

⑤ 执行 IRET 指令，从堆栈中依次弹出 IP、CS、标志，恢复断点。

⑥ 从断点处继续执行主程序。

5.8.3 用户中断服务程序的编写

由 BIOS 提供的中断服务程序，其中断向量是系统开机初始化时由 BIOS 负责填写到中断向量表中。由 DOS 提供的中断服务程序，其中断向量是操作系统启动时由 DOS 负责填写到中断向量表中。用户编写中断服务程序时，需要自己在中断向量表中设置中断向量。

中断类型号 60~67H 可为用户编程使用。当用户确定选用其中的一个类型号，就可以向其在中断向量表中的相应地址写入中断服务程序的入口地址。

用户编写的中断服务程序通常应用在某主程序中。主程序的编写结构如下：

① 设置中断向量。

② 完成主程序某项工作。

③ 利用 INT n 指令调用中断服务程序。

④ 完成主程序其他工作。

中断服务程序的编写结构如下：

① 利用过程定义伪指令 PROC/ENDP 确定中断程序结构。

② 按"保护现场→开中断→中断服务→关中断→恢复现场→开中断→中断返回"的顺序编写中断服务程序。其实，用户在中断程序前面只用一条"开中断"指令就可以了，这是因为 IF 标志位只对可屏蔽中断有效，而可屏蔽中断的级别又低于 INT n 中断，

在 INT n 中断服务期间，即使产生可屏蔽中断请求，也不会发生中断嵌套现象。

③ 通常采用寄存器传递参数。

例 5.37 选用中断类型号为 60H，编写中断向量设置程序。假设中断服务程序名称为 INTPR。

程序如下：

```
            ...
            MOV AX,0
            MOV ES,AX               ;用 ES 指向中断向量表
            MOV BX,180H             ;类型号 60H 中断的中断向量在向量表中的首地址
            MOV AX,OFFSET INTPR     ;将中断服务程序入口地址的位移量装入向量表
            MOV ES:[BX],AX
            MOV AX,SEG INTPR        ;将中断服务程序入口地址的段基址装入中断向量表
            MOV ES:[BX+2],AX
            ...
    INTPR:
            ...
            IRET
```

例 5.38 编程实现，从游戏端口 200H 连续读取 400 个数据并保存在从 BUFFER 开始的内存单元中。

要求：读取每个数据采用中断 INT 60H 实现。

  入口参数：DX=端口地址

  出口参数：AL=读入字节

程序如下：

```
            ASSUME: CS:CODE,DS:DATA

    DATA SEGMENT
            BUFFER DB 400 DUP(0)
    DATA ENDS

    CODE SEGMENT
    START:

    ;>>>>>>>>>>>>>>>>>>>>>>>>>>>>>>>>>>>>>>>>>>>>>>>>>>>>>>>>>>>>>>>>>
    ;    设置类型号 60H 中断的中断向量
    ;>>>>>>>>>>>>>>>>>>>>>>>>>>>>>>>>>>>>>>>>>>>>>>>>>>>>>>>>>>>>>>>>>
            MOV AX,0
            MOV ES,AX
```

```
        MOV BX,180H
        MOV AX,OFFSET INTPR
        MOV ES:[BX],AX
        MOV AX,SEG INTPR
        MOV ES:[BX+2],AX
;>>>>>>>>>>>>>>>>>>>>>>>>>>>>>>>>>>>>>>>>>>>>>>>>>>>>>>>>>>>>>>>>>>>
;    主程序初始化
;>>>>>>>>>>>>>>>>>>>>>>>>>>>>>>>>>>>>>>>>>>>>>>>>>>>>>>>>>>>>>>>>>>>
        MOV  AX,DATA
        MOV  DS,AX
        MOV  DI,OFFSET BUFFER   ;存储地址
        MOV  CX,400             ;读入字节个数
;>>>>>>>>>>>>>>>>>>>>>>>>>>>>>>>>>>>>>>>>>>>>>>>>>>>>>>>>>>>>>>>>>>>
;    主程序使用中断调用指令 INT 60H 输入数据
;>>>>>>>>>>>>>>>>>>>>>>>>>>>>>>>>>>>>>>>>>>>>>>>>>>>>>>>>>>>>>>>>>>>
        MOV  DX,200H            ;入口参数为 DX
LOP1:   INT  60H                ;出口参数为 AL
        MOV  [DI],AL            ;将读入内容送缓冲区
        INC  DI
        LOOP LOP1
;>>>>>>>>>>>>>>>>>>>>>>>>>>>>>>>>>>>>>>>>>>>>>>>>>>>>>>>>>>>>>>>>>>>
;    中断服务程序
;>>>>>>>>>>>>>>>>>>>>>>>>>>>>>>>>>>>>>>>>>>>>>>>>>>>>>>>>>>>>>>>>>>>
        INTPR PROC
        PUSH CX                 ;保护现场
        STI                     ;开中断

        MOV CX,50               ;延时等待
LOP2:NOP
        NOP
        NOP
        LOOP LOP2

        IN AL,DX                ;输入端口字节数据

        POP CX                  ;恢复现场
        IRET                    ;中断返回
        INTPR ENDP
```

```
;>>>>>>>>>>>>>>>>>>>>>>>>>>>>>>>>>>>>>>>>>>>>>>>>>>>>>>>>>>>>>>>>
;      主程序结束
;>>>>>>>>>>>>>>>>>>>>>>>>>>>>>>>>>>>>>>>>>>>>>>>>>>>>>>>>>>>>>>>>
        MOV AH,4CH
        INT 21H
    CODE ENDS
        END START
;>>>>>>>>>>>>>>>>>>>>>>>>>>>>>>>>>>>>>>>>>>>>>>>>>>>>>>>>>>>>>>>>
```

例 5.38 中涉及两个参数：入口参数和出口参数。端口地址 200H 作为入口参数是经 DX 寄存器传递给中断服务程序的，DX 起到了传址的作用。中断服务程序完成读取端口数据工作后，把读取的字节数据（出口参数）经 AL 寄存器传递给主程序，此时，AL 起到了传值的作用。

另外，根据中断服务程序使用寄存器的具体情况，确定保护现场只需保护 CX 值即可。开中断 STI 指令只在中断服务程序开始时使用了一次，因为 CPU 在响应 INT 60H 中断时关了中断，此时打开中断，能够使 CPU 在中断程序返回后可继续响应外部可屏蔽中断。

5.9 可执行文件与 PSP

运行于 DOS 系统下的可执行文件有两种常见类型，即为.exe 和.com 类型的可执行文件。通过对前面内容的学习，已经知道汇编语言源程序经过汇编、连接后，生成的可执行文件的类型就是.exe 类型。那么，.com 类型文件如何生成？什么是 PSP 呢？

本节将对.exe、.com 类型文件结构及程序段前缀（Program Segment Prefix，PSP）进行介绍，使大家对 DOS 应用程序的加载过程产生较清晰的认识，从而提高汇编语言编程能力。

5.9.1 .exe 可执行程序与 PSP

.exe 程序是一种可在内存空间浮动定位的可执行程序。

.exe 程序文件由两部分构成：文件头和程序自身执行模块。

文件头包含对程序本身的标识信息和重定位表，用于加载程序。文件头长度可变，具体长度由头内偏移地址+08 处的字内容确定。头内偏移地址 14H 处的双字内容是初始的 CS:IP 值，即为程序入口在程序文件中的偏移地址。

文件头内容如表 5.3 所示。

表 5.3　文件头内容说明

头内偏移地址	内容说明	头内偏移地址	内容说明
00～01H	EXE 文件标记	10～11H	SP 的初始值
02～03H	文件长度除以 512 的余数	12～13H	文件校验和
04～05H	文件大小（包括文件头）	14～15H	IP 的初始值
06～07H	重定位项数	16～17H	CS 的相对段值
08～09H	文件头大小	18～19H	重定位表的偏移地址
0A～0BH	程序运行所需最小段数	1A～1BH	覆盖数
0C～0DH	程序运行所需最大段数	1CH	重定位表
0E～0FH	SS 的相对段值		

文件头重定位表的偏移地址由 18～19H 中的指针给出，项数由 06～07H 中的内容给出。重定位表项由 4 个字节组成：前两个字节为段内偏移，后两个字节为相对段值。在程序执行前，必须依据表项内容重新修改 CS:IP、SS:SP，以实现程序的重定位。

程序文件中的程序自身模块包含了代码段、数据段和堆栈段，因此，程序文件总长度可以超过 64 KB，具体大小只受内存容量限制。

下面来看 DOS 加载.exe 文件的过程。

第一步，根据文件头内容申请内存。

第二步，建立 PSP。DOS 以申请块的段地址作为 PSP 的段地址，建立程序段前缀（PSP）。再以 PSP 段地址加 10H（因 PSP 含 256 个字节）作为执行模块起始段地址。

PSP 的主要作用是为 DOS 与执行模块间提供通信服务。PSP 与执行模块的位置关系如图 5.29 所示。

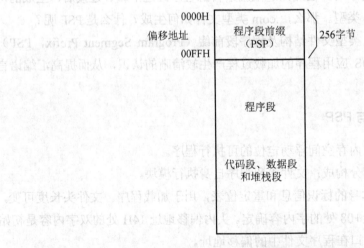

图 5.29　PSP 与执行模块的位置关系

PSP 内容如表 5.4 所示。

表 5.4 PSP 内容说明

段前缀内偏移地址	内容说明	段前缀内偏移地址	内容说明
00~01H	程序结束中断指令 INT 20H	2E~31H	存放用户堆栈指针
02~03H	程序分配块的底部	32~33H	文件句柄表长度
04H	保留	34~37H	句柄表地址
05H	CALL 功能调用入口	38~4FH	保留
06~09H	保留	50~51H	INT 21H 功能调用
0A~0DH	中断 INT 22H 向量	52H	FARURET
0E~11H	中断 INT 23H 向量	53~5BH	保留
12~15H	中断 INT 24H 向量	5C~6BH	参数区 1
16~17H	父进程 PSP	6C~7FH	参数区 2
18~2BH	20 个文件句柄	80H	命令行参数的长度
2C~2DH	环境块段地址	81~FFH	命令行参数

从上表内容可看出，PSP 主要包含以下 3 方面信息。

① 供被加载程序使用的 DOS 入口，如 PSP+0 字段。

② 供 DOS 本身使用的 DOS 入口，如 PSP+0AH、+0EH、+12H 和+2CH 字段。

③ 供被加载程序使用的传递参数，如 PSP+5CH、+6CH 字段。

第三步，装配段寄存器和相关指针寄存器，开始进入程序执行阶段。

DOS 将文件头 10~11H 内容赋值给 SP，0E~0FH 内容加上起始段值，赋值给 SS；将 DS、ES 设置为 PSP 段值（应用程序运行时由指令重新设置）；将文件头中 16~17H 内容加上起始段值，赋值给 CS，14~15H 内容赋值给 IP。于是，程序载入完毕，进入执行阶段。

PSP 建立时，在 PSP+0H 处放置一条 INT 20H 中断指令。使用该指令能够结束应用程序返回 DOS 系统。具体操作方法是将程序设定为具有 FAR 属性的子程序，并在程序开始处将 DS 内容（PSP 段地址）和偏移地址 0000H 依次压栈保护。因为程序具有 FAR 属性，在程序结束使用 RET 指令返回时，0000H 和 PSP 段地址值依次出栈，并装配 IP、CS 寄存器，从而使程序返回到 PSP+0H 处执行指令。这条指令正是 INT 20H 指令。该指令执行后，程序结束并返回 DOS 控制态。

为使 PSP 段地址和偏移地址入栈保护，在具有 FAR 属性的子程序前部，要求使用如下汇编语言指令开头。

```
PUSH DS
MOV AX,0 （或 XOR AX,AX）
PUSH AX
```

在此一定要注意指令的使用先后次序。

程序结构如下：

```
            CODE SEGMENT
            ASSUME CS:CODE
    START:  MAIN PROC FAR
            PUSH DS         ;PSP 段地址（INT 20H 段地址）入栈保护
            MOV  AX,0       ;形成 0000H 偏移地址
            PUSH AX         ;将 INT 20H 指令在 PSP 段中的偏移地址入栈保护
            ...
            RET             ;使偏移地址 0000H 出栈入 IP、PSP 段地址出栈入 CS,
                            ;到 PSP 段首处执行 INT 20H 指令，结束程序返回 DOS
            MAIN ENDP
            CODE ENDS
            END START
```

当然，当程序不是必须写成子程序时，还是建议采用 INT 21H 的 4CH 功能来结束程序并返回 DOS。

5.9.2 .com 可执行程序与 PSP

.com 程序就是只含一个代码段的可执行程序。在编写.com 程序文件的汇编语言源程序时，只允许使用一个逻辑段，即代码段、数据段和堆栈段共用一个段。程序使用的数据可以集中设置在代码段的结尾位置。

.com 程序大小不超过 64 KB。

.com 程序文件无文件头，不含重定位信息，各段也不需要重定位。

DOS 加载.com 程序时，也会在应用程序空间前端自动生成一个 256 KB 的 PSP，然后从偏移地址 100H 处开始载入程序。因此，在代码段偏移地址 100H 处，必须是程序的启动指令。可以在源程序开始处采用 ORG 100H 指令，使程序入口点安排在偏移地址 100H 处。

在装配寄存器时，DOS 使段寄存器 CS=SS=DS=ES=PSP 段地址；堆栈区设置在段尾，并将字 0 压栈作为栈底，SP=FFFEH；使 IP=100H。装载 CS:IP 后，程序便从偏移地址 100H 处开始执行。

.com 程序退出并返回 DOS 操作系统的方式如下：

① 程序采用 NEAR 属性的子程序方式，使用 RET 返回指令。该方式依然采用 PSP 段首的 INT 20H 指令返回 DOS 操作系统。

② 直接在程序中使用 INT 20H 指令返回。INT 20H 指令入口参数为 CS=PSP 的段地址；出口参数无。

③ 使用 INT 21H 的 4CH 功能返回（建议使用）。

下面给出一种.com 程序文件的汇编语言源程序结构形式。

```
ASSUME CS:CODE,DS:CODE,ES:CODE,SS:CODE
CODE SEGMENT
     ORG 100H            ;第一条指令起始地址
START:MOV BX,OFFSET DATA
     …
     MOV AX,4C00H
     INT 21H
     DATA DB …
CODE ENDS
     END START
```

源程序文件经过编译、连接形成.exe 程序文件。.exe 程序文件可以使用 EXE2BIN（在 SYSTEM32 路径下）程序建立.com 文件，格式如下：

```
C:\>EXE2BIN FILENAME FILENAME.COM
```

在 EXE2BIN 使用格式中，第一个参数的文件扩展名可省略。

.com 程序文件还可以使用 DEBUG 直接建立。具体方法是：第一步，用 A 命令输入程序；第二步，用 N 命令（格式：N 文件名.com）确定文件名；第三步，将程序长度存入 CX 寄存器；第四步，用 W 命令（格式：W 程序在当前段的起始地址）将程序代码写入文件。

习 题 5

一、填空题

1. 请写出下列程序段中指令执行后相关寄存器的值。
```
MOV AX,0F4A0H
MOV AH,31H      AX=_____H
MOV AL,23H      AX=3123H
ADD AX,AX       AX=_____H
```

2. A、B 为在数据段中定义的两个字节型变量，对于下列程序段：
```
MOV BL,AL
MOV CL,4
SHR BL,CL
MOV A,BL
AND AL,0FH
MOV B,AL
```
请回答：
（1）该程序段完成的功能是_____。

（2）如果 AL 的初值为 56H，A=_____，B=_____。

3. 给出下列程序段：
```
MOV AX,7540H
MOV DX,3310H
MOV CL,04
SHL DX,CL
MOV BL,AH
SHL AX,CL
SHR BL,CL
OR  DL,BL
```
试问上述程序段运行后，
AX=_____；
BL=_____；
DX=_____。

4. 设 TABLE 中存放的数据为 30H，31H，32H，33H，34H，35H，36H，37H，38H，39H，现有程序段如下：
```
MOV BX,4
MOV AL,TABLE[BX]
```
则 AL=_____。

5. 转移指令 JNZ L 的转移范围（十进制值）是_____，该指令的第二个字节为位移量，在指令机器码中用_____形式表示。

6. 在地址表法分支程序设计中，地址表中存放的是_____。

7. 阅读下列程序段：
```
DATA SEGMENT
    DATA1 DB 0,1,2,3,4,5,6,7,8,9
DATA ENDS
    ...
    MOV SI,0
    MOV DI,1
    MOV CX,5
LOP: MOV AL,[SI]
    MOV BL,[DI]
    MOV [DI],AL
    MOV [SI],BL
    ADD SI,2
    ADD DI,2
    LOOP LOP
```
程序段运行后，从 DATA1 开始的 10 个字节存储单元内容是_____。

8. 当下列指令
```
MOV SP,3210H
PUSH AX
```
执行后，SP 寄存器的值是_____。

9. 假设(SS)=2250H，(SP)=0140H，如果在堆栈中存入 5 个数据，则栈顶的物理地址为_____，如果又从堆栈中取出 3 个数据，则栈顶的物理地址为_____。

10. 中断信息可以来自 CPU 的外部或内部，除法错误属于_____中断，键盘输入属于_____中断。

二、选择题

1. 对于含 128 个字单元的数据区，其起始地址为 12ABH:00ABH，那么该数据区最后一个字单元的物理地址为（　　）。

   A. 12CABH　　　B. 12BABH　　　C. 12C59H　　　D. 12BBAH

2. 条件转移指令 JNE 的测试条件为（　　）。

   A. ZF=0　　　B. CF=0　　　C. ZF=1　　　D. CF=1

3. 对于下列程序段：
```
LOP:
    MOV AL,[SI]
    MOV ES:[DI],AL
    INC SI
    INC DI
    LOOP LOP
```
可用（　　）指令替代。

   A. REP MOVSB　　　　　　B. REP LODSB
   C. REP STOSB　　　　　　D. REP SCASB

4. 中断服务程序入口地址占用（　　）个字节空间。

   A. 4　　　B. 6　　　C. 2　　　D. 1

5. INT 10H 中断向量地址是（　　）。

   A. 10H　　　B. 20H　　　C. 30H　　　D. 40H

6. 在下列输入/输出指令中，错误的指令是（　　）。

   A. IN AX,80H　　　　　　B. IN AL,350
   C. OUT DX,AL　　　　　　D. OUT DX,AX

三、编程题

1. 将 DATA1 数据缓冲区中大于 100 的数传送到 DATA2 缓冲区。
2. 试编程计算 S=1+2×3+3×4+4×5+…+N×(N+1)+…，直到第 N 项 N×(N+1)大于 100

时为止。

3．统计一个班级 30 名同学的成绩等级，将人数统计结果分别存入 A、B、C、D、E 单元中。A：90～100 分，B：80～89 分，C：70～79 分，D：60～69 分，E：60 分以下。

4．数据段中已定义了一个有 N 个字数据的数组 M，试编程求出 M 中绝对值最大的数，把它放在数据段的 M+2N 单元中，并将该数的偏移地址放在 M+2(N+1)单元。

上机训练 5　对源程序进行汇编、连接与调试

一、实验目的

1．熟练掌握汇编语言循环程序的设计方法。
2．熟练使用宏汇编程序 MASM，对源程序进行汇编、连接，形成可执行程序文件。
3．熟练掌握 Debug 环境下程序的调试方法。

二、实验内容

使用双重 LOOP 循环对数据区中 100 个字节型数据进行排序。

第 6 章 子程序设计

当一个程序段在程序中的不同位置需要多次重复使用时,可以将该程序段存放在某一存储区域,每当需要执行这段程序时,就用过程调用指令转移到这段程序去执行。

6.1 子程序的定义与应用条件

6.1.1 子程序的定义

被重复调用的程序称为子程序或过程,把调用子程序的程序称为主程序或调用程序。子程序的一般格式如下:

```
子程序名 PROC 类型[NEAR/FAR]
    …              ;子程序体
子程序名 ENDP
```

子程序的定义格式中,首尾两行伪指令表示子程序的开始和结束。子程序名是编程人员给子程序起的名字,是代表子程序执行起始地址的标识符。子程序只有 NEAR 和 FAR 两种类型,类型决定子程序被调用的方式。首尾两行中间的部分为子程序体,子程序体的最后一条指令应为返回指令 RET。

6.1.2 子程序的应用条件

子程序的应用条件有以下几条。

① "子程序名"必须是一个合法的标识符,在定义格式中应保持首尾一致。

② 子程序的类型有近(NEAR)、远(FAR)之分,其默认类型是近类型。

③ 如果一个子程序要被另一应用程序调用,那么,其类型应定义为 FAR;否则,其类型可以是 NEAR。显然,NEAR 类型的子程序只能被处于相同代码段的程序所调用。

④ 子程序最后要使用返回指令 RET,RET 指令是子程序的出口语句。

⑤ 子程序名有 3 个属性:段值、偏移量和类型。段值和偏移量属性对应于子程序的入口地址;类型属性则为该子程序被定义的类型。

6.2 子程序的调用和返回指令

子程序的作用是供主程序调用,并完成指定的功能。子程序调用是由主程序通过 CALL 指令实现,而子程序的返回通过在子程序中使用 RET/RETF 指令实现。

6.2.1 子程序的调用指令

主程序使用 CALL 指令调用子程序的调用格式如下:

　　CALL 子程序名

子程序调用的类型分为近(NEAR)调用和远(FAR)调用。

1. NEAR 调用

NEAR 类型子程序与主程序处在同一代码段中。当主程序使用 CALL 指令调用子程序时,先将当前的指令指针(IP)内容压入堆栈,以便在结束子程序后正确返回主程序。然后,修改指令指针 IP 使其指向子程序的偏移地址,并使子程序开始运行。

NEAR 调用的 CALL 指令相当于执行了下面两条指令。

　　PUSH IP   ;这条指令为非法指令,这里只是举例而已
　　JMP WORD PTR 地址标号

2. FAR 调用

当子程序类型为 FAR 时,它与主程序处在不同的代码段中。主程序执行调用指令时,先将代码段 CS 内容均压入堆栈,再将指令指针 IP 内容压入堆栈。然后将 CS 和 IP 修改为子程序首指令的逻辑地址,使子程序开始运行。

FAR 调用的 CALL 指令相当于执行了下面几条指令。

　　PUSH CS
　　PUSH IP
　　JMP DWORD PTR 地址标号

CALL 指令属于特殊的跳转指令,与普通的跳转指令存在很大不同。CALL 指令在跳转之前先将 IP 值或 CS:IP 值入栈保护,再转移到子程序执行;JMP 指令不涉及堆栈操作。

当将 IP 值或 CS:IP 值出栈并重新送回到 IP 或 CS:IP 中时,主程序就能从断点处继续执行。断点的出栈过程是由子程序的返回指令 RET/RETF 实现的。

6.2.2 子程序的返回指令

当子程序执行完时，需要返回到调用它的程序之中。为实现此功能，指令系统提供了专用的返回指令，其格式如下：

```
RET/RETF
```

其中，RET 可用于近返回，也可用于远返回；RETF 专门用于远返回，这一点是 MASM 5.0 及以后版本才要求的。

近调用返回时，使用 RET 指令使断点 IP 值出栈到 IP，相当于执行以下指令。

```
POP IP    ;指令本身为非法
```

远调用返回时，使用 RETF 指令使断点 CS:IP 值出栈到 IP、CS，相当于执行以下指令。

```
POP IP
POP CS    ;指令本身为非法
```

无论是近返回还是远返回，IP 或 CS:IP 得到重新装配后，主程序的断点得到重新恢复，于是从断点处继续执行主程序。

6.3 子程序的结构

为了使含有子程序的源程序结构清晰，要正确处理主程序与子程序的位置关系。

在主程序中使用 NEAR 类型的子程序时，将子程序写在主程序的前面或后面皆可。下面给出将子程序写在主程序后面的一种程序结构。

```
ASSUME CS:CODE
CODE SEGMENT
START:
        ...
        CALL SUB1
        ...
        CALL SUB2
        ...
        MOV AX,4C00H
        INT 21H
SUB1 PROC NEAR
        ...
        RET
SUB1 ENDP
SUB2 PROC
```

```
            ...
            RET
   SUB2 ENDP
   CODE ENDS
            END START
```

当然，把子程序写在主程序前面也可以，下面就给出这种结构形式。

```
   ASSUME CS:CODE
   CODE SEGMENT
     SUB1 PROC NEAR
            ...
            RET
     SUB1 ENDP
     SUB2 PROC
            ...
            RET
     SUB2 ENDP
   START:
            ...
            CALL SUB1
            ...
            CALL SUB2
            ...
            MOV AX,4C00H
            INT 21H
   CODE ENDS
            END START
```

例 6.1 编写程序，将寄存器 AL 中存放的小写字母变为大写字母并输出。要求：小写字母变为大写字母功能用子程序实现。

分析：用子程序实现小写字母变为大写字母功能，将小写字母的 ASCII 码减去 20H 即可。

子程序功能：将寄存器 AL 中的小写字母变为大写字母。

入口参数：AL

出口参数：AL

程序如下：

```
   ASSUME CS:CODE
   CODE SEGMENT
   START:
```

```
                MOV AL,64H
                CALL UPPER
                MOV AH,2
                MOV DL,AL
                INT 21H
                MOV AH,4CH
                INT 21H
        UPPER PROC
                CMP AL,'a'
                JB OVER
                CMP AL,'z'
                JA OVER
                SUB AL,20H
        OVER:RET
        UPPER ENDP
        CODE ENDS
                END START
```

与中断服务程序很相似，子程序也应对主程序现场进行保护。

在子程序编写过程中，避免不了要使用一些寄存器来实现程序的功能。由于 8086 系统的寄存器数目有限，发生寄存器使用冲突是不可避免的，而冲突的出现会破坏主程序所使用寄存器中的原有数据。当从子程序返回主程序时，原来寄存器中的数据将不存在，从而使主程序无法正确运行。为避免这种情况发生，就要对发生使用冲突的寄存器内容加以保护。

保护寄存器内容最有效的方法是使用堆栈，即在子程序使用这些寄存器之前先将其内容压入堆栈，使用结束后再从堆栈中弹回寄存器原有内容。

保护寄存器的程序段可以写在主程序中，也可写在子程序中。通常情况下，在子程序的开始处，用进栈指令将需要保护的数据保存到堆栈中；在子程序结束前，再用出栈指令将保护数据恢复到原来寄存器中。

下面给出子程序的一般结构形式。

① 子程序定义。
② 保护主程序现场。
③ 子程序体。
④ 恢复主程序现场。
⑤ 子程序返回。

如在子程序中使用了通用寄存器 AX、BX、CX、DX 等，并且含有影响标志位的运算指令，则可采用如下方法来保护和恢复现场。

        子程序名 PROC

```
            PUSH AX
            PUSH BX
            PUSH CX
            PUSH DX
            PUSHF
             ...
            POPF
            POP DX
            POP CX
            POP BX
            POP AX
            RET
    子程序名 ENDP
```

标志寄存器的内容属于现场内容。CALL 指令的执行并不影响标志寄存器中的标志位，也不自动保护标志寄存器内容。所以，一旦子程序中含有影响标志位的指令，就要在其开始处将标志入栈保护，并在子程序结束前使标志内容出栈并送回标志寄存器。

和中断服务程序一样，子程序也不必将所有现场内容都进行保护。子程序中用到哪些寄存器，保护哪些寄存器的内容就可以了。

6.4 子程序的参数传递

子程序被主程序调用时，子程序的输入数据应从主程序获取，而数据处理结果又要传送回主程序。子程序和主程序间的数据传送过程被称作参数传递。

主程序向子程序传递的参数，称为子程序的入口参数。子程序向主程序传递的参数，称为出口参数。按照模块化设计原则，子程序的入口、出口参数应尽可能少，从而简化子程序的设计。

主程序与子程序的参数传递需要通过某种媒介得以实现。通常，参数传递有 3 种方式：寄存器传递、存储器传递、堆栈传递。

寄存器传递方式是以通用寄存器为参数传递媒介。由于寄存器参数传递方式不需要总线操作，因而参数传递速度最快。又由于 CPU 内部寄存器数目的限制，使得该传递方式只适合于参数较少的情况下使用。

存储器传递方式是以内存单元为媒介，将要传递的参数存放在一个内存参数表中供子程序使用。因参数的数量不受限制，该方式适用于多参数的情况。又因参数传递过程要读/写内存单元，所以该种方式工作速度最慢。

堆栈传递方式是以堆栈为媒介，适合参数较多并且子程序含嵌套、递归等情况。该方式由主程序负责将参数压入堆栈，而子程序将参数从堆栈中弹出后再使用。

6.4.1 寄存器传递参数

主程序对某寄存器赋值后，在子程序中就能直接使用该寄存器，反之亦然。寄存器传递是最直接、简便，也是最常用的参数传递方式。但由于 CPU 中寄存器数目的限制，该方式只适用于传递参数较少的情况。

例 6.2 采用子程序编程方式，实现冒泡法排序并将排序结果输出。

分析：编程实现所要求的功能，可使用两个子程序：一个是显示存储数据的子程序，另一个是冒泡排序子程序。两个子程序所需入口参数少，因此采用寄存器方式传递参数。

源程序如下：

```
        DATA  SEGMENT
            DATA1  DB  8,9,2,6,5,4,3,7,1,0
        DATA  ENDS
        CODE  SEGMENT
            ASSUME CS:CODE,DS:DATA
        START:
            MOV  AX,DATA
            MOV  DS,AX
            MOV  CX,10          ;入口参数
            LEA  DI,DATA1       ;入口参数
            CALL DISP           ;调用显示存储数据子程序显示未排序数据
            MOV  BX,9           ;入口参数
            CALL SORT           ;调用冒泡排序子程序
        DISP1:MOV AH,2
            MOV  DL,0DH
            INT  21H
            MOV  DL,0AH
            INT  21H
            MOV  CX,10          ;入口参数，传值
            LEA  DI,DATA1       ;入口参数，传址
            CALL DISP           ;调用显示存储数据子程序显示已排序数据
            MOV  AX,4C00H
            INT  21H
        DISP  PROC              ;显示存储数据子程序,入口参数为CX、DI值
            MOV  AH,2
        AB: MOV  DL,[DI]
            OR   DL,30H
            INT  21H
            INC  DI
```

```
            LOOP AB
            RET
    DISP    ENDP
    SORT    PROC                    ;冒泡排序子程序,入口参数为BX值,即趟数
    LP1:    MOV  SI,9
            MOV  CX,BX              ;将趟数传给内重循环计数器CX
    LP2:    MOV  AL,[SI]
            CMP  AL,[SI-1]
            JAE  GO
            XCHG [SI-1],AL
            MOV  [SI],AL
    GO:     DEC  SI
            LOOP LP2
            DEC  BX
            JNZ  LP1
            RET
    SORT    ENDP
    CODE    ENDS
            END  START
```

由源程序可以看出,采用寄存器传递参数又分为两种情况:一种是传递数值;另一种是传递数据在内存中的地址。

程序运行结果如图6.1所示。

例6.3 从内存DATA1开始的字节单元存放有4位用BCD码表示的十进制数。一位十进制数占用一个字节单元,最高位数字存放在最低地址字节处。试将该十进制数以二进制形式存放于DATA2字单元。

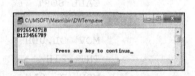

图6.1 例6.2程序运行结果

十进制数以二进制形式存储可以采用如下方法:
$$((a_3 \times 10 + a_2) \times 10 + a_1) \times 10 + a_0$$

源程序如下:

```
    DATA    SEGMENT
            DATA1 DB  6,4,1,7
            DATA2 DW  0
    DATA    ENDS
    CODE    SEGMENT
            ASSUME CS:CODE,DS:DATA
    START:
            MOV  AX,DATA
            MOV  DS,AX
            MOV  SI,OFFSET DATA1    ;入口参数
```

```
            MOV  DI,OFFSET DATA2    ;入口参数
            MOV  BX,10              ;入口参数：乘数10
            MOV  CX,3               ;入口参数：循环次数
            CALL DTOB               ;调用十→二进制转换子程序
            MOV  AH,4CH
            INT  21H
     DTOB  PROC                     ;十→二进制转换子程序
            MOV  AL,[SI]
            MOV  AH,0
     LOP1: MUL  BX
            INC  SI
            PUSH BX
            MOV  BL,[SI]
            MOV  BH,0
            ADD  AX,BX
            POP  BX
            LOOP LOP1
            MOV  [DI],AX
            RET
     DTOB  ENDP
     CODE  ENDS
            END  START
```

6.4.2 存储器传递参数

在调用子程序时，当需要向子程序传递大量数据时，因受到寄存器数目的限制，就不能采用寄存器传递参数的方式，而要改用约定内存单元的参数传送方式。

如果主程序与子程序处于同一个代码段，则子程序可直接访问主程序中的变量（内存单元）。

例 6.4 在内存中存放着 4 个字数据，要求设计子程序将 4 个字数据求和，并将求出的和送到指定的存储单元（不考虑溢出情况）。

源程序如下：

```
    DATA SEGMENT
        DATA1 DW 1334H,1667H,1111H,132AH
        DATA2 DW 0
    DATA ENDS
    CODE SEGMENT
        ASSUME CS:CODE,DS:DATA
    MAIN PROC FAR
        PUSH DS
        XOR  AX,AX
        PUSH AX              ;以上 3 条指令使主程序结束能返回 DOS 系统
```

```
            MOV  AX,DATA
            MOV  DS,AX
            CALL SUM              ;调用求和子程序
            RET                   ;主程序返回
      MAIN ENDP
       SUM PROC NEAR              ;求和子程序
            PUSH AX               ;保护现场
            PUSH CX
            PUSH SI
            PUSHF
            LEA  SI,DATA1         ;内存单元传递参数
            MOV  CX,4
            XOR  AX,AX
      LOP:  ADD  AX,[SI]
            ADD  SI,2
            LOOP LOP
            MOV  DATA2,AX
            POPF
            POP  SI
            POP  CX
            POP  AX
            RET
       SUM ENDP
      CODE ENDS
            END  MAIN
```

6.4.3 堆栈传递参数

堆栈是一个特殊的数据结构，它通常是用来保存程序的返回地址。当用它来传递参数时，就会造成参数数据和返回地址混合在一起的局面，用起来要特别小心。

1. 堆栈传参方法简述

(1) 用堆栈传递入口参数

当用堆栈传递入口参数时，主程序要在调用子程序前将有关参数依次压栈，子程序从堆栈取得入口参数。

主程序传递入口参数(PARA1,PARA2,…,PARAN)的过程很简单，可用下面程序段实现。

```
      ...
      PUSH PARAN              ;把N个参数入栈
      PUSH PARAN-1
      ...
```

```
PUSH PARA2
PUSH PARA1
CALL SUBPRO              ;调用子程序 SUBPRO
...
```

主程序把子程序所需要的参数按照从右向左的顺序依次压入堆栈中。将参数压栈完毕后，栈顶元素即为子程序所需要的第一个参数。

如果主程序 CALL 指令调用的是 NEAR 类型子程序，则将断点的 IP 值入栈；如果调用的是 FAR 类型的子程序，则将断点的 CS:IP 值依次入栈。

子程序得到入口参数的过程比较复杂，需要通过学习后面的知识才能理解。

（2）用堆栈传递出口参数

当用堆栈传递出口参数时，子程序要在返回前将有关参数依次压栈，主程序通过使用出栈指令就可以取得出口参数。

2. 堆栈与基址寄存器 BP

大家都知道，堆栈的两种基本操作为 PUSH（入栈）和 POP（出栈），它们只能在栈顶进行操作。但是，堆栈数据也可像数据缓冲区内的数据一样，使用 MOV 指令实现移动，这时就要使用基址寄存器（BP）来寻址栈内数据。

基址寄存器 BP 的使用方法比较特殊。在系统默认情况下，BP 和堆栈段寄存器（SS）联合使用在堆栈段内寻址。例如，主程序使用 PUSH 指令向堆栈中压入了多个数据、地址等参数，子程序要想得到这些入口参数就不能使用堆栈指针寄存器（专用指示栈顶）了，而是使用 BP 来寻址栈内的数据或地址。

在子程序中，使用 BP 的目的有两个：一是保存进入子程序时的 SP 值；另一个是利用 BP 取得栈中由主程序传递过来的入口参数。

在子程序开始处，安排如下两条指令。

```
PUSH BP                  ;保存原 BP 值
MOV  BP,SP               ;将进入子程序时的 SP 值传送给 BP 保存
```

此时，BP 指向 SP 基地址。在堆栈中，[BP]单元为 BP 的保存值，[BP+2]单元是主程序断点的 IP 值，[BP+4]单元则是子程序需要的第一个参数，[BP+6]单元是子程序的第二个参数，以此类推，第 N 个参数保存在[BP+4+2×(N-1)]单元。

以上子程序为 NEAR 类型的情况，对应堆栈的使用情况如图 6.2 所示。如果子程序是 FAR 类型，则[BP+2]单元是主程序断点的 IP 值，[BP+4]单元是断点的 CS 值，[BP+6]单元才是子程序所需的第一个参数，以此类推。

在子程序结尾处，应安排如下指令。

```
MOV SP,BP                ;将 BP 内容（保存的 SP 值）传回给 SP
POP BP                   ;恢复原 BP 值
```

```
        RET                        ;子程序返回
```

子程序执行过程中，BP 值不再改变。MOV SP,BP 指令执行后，能够将进入子程序时的 SP 值重新给 SP 赋值。当执行 POP BP 指令后，SP 指向主程序断点 IP 处，如图 6.3 所示。

 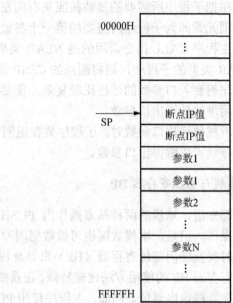

图 6.2 执行 MOV BP,SP 指令后堆栈使用情况　　图 6.3 执行 POP BP 指令后堆栈使用情况

3. 子程序通过堆栈获得参数

（1）对应 NEAR 类型子程序

子程序为了能获取参数，需要用 BP 来访问堆栈。当前 BP 所指向的堆栈单元与参数 1 之间隔着 BP 的原值和返回地址的偏移量，也就是说，两者之间相差 4 个字节。

获取参数的方法如下：

```
SUBPRO  PROC NEAR
        PUSH BP                    ;保护寄存器 BP 内容
        MOV  BP,SP                 ;保存 SP
        …                          ;可进行现场保护
        MOV  PARA1,[BP+4]          ;获取参数 1
        MOV  PARA2,[BP+6]          ;获取参数 2
        …
        MOV  PARAN,[BP+4+2*(N-1)]  ;获取第 N 个参数
        …                          ;可含有恢复现场过程
```

```
        MOV  SP,BP
        POP  BP
        RET
SUBPRO ENDP
```

(2) 对应 FAR 类型子程序

在主程序调用 FAR 类型子程序时，所用 CALL 指令会把断点处的 CS 值和 IP 值都压栈。该类型子程序也需要用 BP 来读取参数。

利用堆栈取参数时，当前 BP 所指向的堆栈单元与参数 1 之间隔着 BP 的原值、CS:IP 值，所以，两者之间相差 6 个字节。

获取参数的方法如下：

```
SUBPRO PROC FAR
        PUSH BP
        MOV  BP,SP
        ...                        ;可进行现场保护
        MOV  PARA1,[BP+6]          ;获取参数 1
        MOV  PARA2,[BP+8]          ;获取参数 2
        ...
        MOV  PARAN,[BP+6+2*(N-1)]  ;获取第 N 个参数
        ...                        ;可含有恢复现场过程
        MOV  SP,BP
        POP  BP
        RETF
SUBPRO ENDP
```

在主程序调用 FAR 类型子程序时，堆栈中除了多含有断点 CS 值外，其他内容与调用 NEAR 类型子程序的情况完全一致。

4. 主程序的现场保护与恢复

主程序的现场保护可以在主程序中进行，程序段如下：

```
...
PUSH AX
PUSH BX
PUSH CX
...
CALL SUBPRO
...
POP  CX
POP  BX
```

```
        POP  AX
        ...
```

现场保护也可以在子程序中进行,程序段如下:

```
SUBPRO PROC
        ...
        PUSH AX
        PUSH BX
        PUSH CX
        ...
        POP  CX
        POP  BX
        POP  AX
        ...
        RET
SUBPRO ENDP
```

5. 堆栈传递参数实例

例 6.5 使用堆栈传递参数的子程序方式,编程实现将内存中的小写字母转换为大写字母串并显示。

分析:小写字母转换为大写字母的过程可用子程序实现,并采用堆栈方式传递参数。

源程序如下:

```
DATA SEGMENT
DATA1 DB 'the boy is in my class','$'
DATA ENDS
CODE SEGMENT
        ASSUME CS:CODE,DS:DATA
START:
        MOV  AX,DATA
        MOV  DS,AX
        LEA  DX,DATA1           ;显示原串
        MOV  AH,9
        INT  21H
        PUSH DX                 ;将参数压入堆栈;传址
        CALL CHANGE             ;调用小写字母转换为大写字母子程序
        MOV  DL,0DH             ;回车换行
        MOV  AH,2
        INT  21H
```

```
        MOV  DL,0AH
        MOV  AH,2
        INT  21H
        LEA  DX,DATA1              ;显示转换后的大写字母
        MOV  AH,9
        INT  21H
        MOV  AH,4CH
        INT  21H
CHANGE  PROC NEAR                  ;小写字母转换为大写字母子程序
        PUSH BP                    ;保护 BP 原值
        MOV  BP,SP                 ;保存 SP 值
        MOV  BX,[BP+4]             ;取参数
        MOV  CX,22                 ;循环转换包括空格在内的 22 个字符
LOP1:MOV AL,[BX]
        CMP  AX,20H
        JZ   GO
        SUB  AL,20H
        MOV  [BX],AL               ;将转换后的大写字母送回到原存储位置
GO:     INC  BX
        LOOP LOP1
        MOV  SP,BP                 ;SP 恢复为进入子程序时的值
        POP  BP                    ;SP 指向了栈中断点 IP 位置
        RET                        ;返回主程序断点处
CHANGE  ENDP
  CODE ENDS
        END START
```

程序运行结果如图 6.4 所示。

例 6.6 在内存中存放着用 BCD 码表示的 4 位十进制数。请编写程序实现十进制数到二进制数的转换。要求：转换过程用子程序实现；子程序采用堆栈传参方式。

源程序如下：

图 6.4 例 6.5 程序运行结果

```
STACK SEGMENT STACK
      DB 100 DUP(0)
STACK ENDS
DATA  SEGMENT
DATA1 DB 02H,06H,08H,01H           ;定义十进制数 2681
DATA2 DW 0
DATA  ENDS
```

```
CODE    SEGMENT
        ASSUME CS:CODE,DS:DATA,SS:STACK
START:
        MOV  AX,DATA
        MOV  DS,AX
        LEA  SI,DATA1              ;将参数入栈
        PUSH SI
        ;堆栈内容：栈底、SI 值
        CALL BCDTOB                ;调用十→二进制转换子程序
        POP  DX                    ;出口参数出栈
        MOV  DATA2,DX              ;将转换结果送到 DATA2 字单元
        MOV  AH,4CH
        INT  21H
BCDTOB  PROC NEAR
        ;堆栈内容：栈底、SI 值、IP 值
        PUSH BP
        MOV  BP,SP
        ;堆栈内容：栈底、SI 值、IP 值、BP 值
        ;                              ↑
        ;                           (BP、SP)
        ;保护现场
        PUSH SI
        PUSH CX
        PUSH BX
        PUSH AX
        ;堆栈内容：栈底、SI 值、IP 值、BP 值、SI 值、CX 值、BX 值、AX 值
        ;                              ↑                              ↑
        ;                            (BP)                           (SP)
        MOV  SI,[BP+4]             ;根据 BP 取得堆栈中的参数
        ;十→二进制转换子程序代码
        MOV  CX,3
        MOV  AL,[SI]
        MOV  AH,0
        MOV  BX,10
LOP1:   MUL  BX
        INC  SI
        PUSH BX
        MOV  BL,[SI]
        MOV  BH,0
        ADD  AX,BX
```

```
            POP  BX
            LOOP LOP1
            MOV  [BP+4],AX              ;转换结果入栈,放到参数 SI 原位置上
            ;恢复现场
            POP  AX
            POP  BX
            POP  CX
            POP  SI
            ;堆栈内容:栈底、转换结果、IP 值、BP 值
            ;                                ↑
            ;                             (BP、SP)
            MOV  SP,BP                   ;即使子程序体中的 PUSH、POP 指令没有配对使用,该指
                                         ;令会强制使堆栈指针恢复到刚进入子程序时的初始值
            ;堆栈内容:栈底、转换结果、IP 值、BP 值
            ;                                ↑
            ;                             (BP、SP)

            POP  BP                      ;恢复 BP 原值
            ;堆栈内容:栈底、转换结果、IP 值
            ;                           ↑
            ;                         (SP)
            RET
            ;堆栈内容:栈底、转换结果
            ;                    ↑
            ;                  (SP)
BCDTOB  ENDP
CODE    ENDS
        END START
```

6.5 子程序的嵌套与递归调用

6.5.1 子程序的嵌套调用

一个子程序调用另一个子程序的过程称为子程序的嵌套。

子程序的嵌套过程如图 6.5 所示。

只要堆栈空间允许,一般来说,嵌套的深度不限。

子程序嵌套过程要求正确使用 CALL、RET 调用和返回指令,而且要注意现场的保护和恢复,以避免各层次程序之间产生寄存器使用方面的冲突。如果在程序中使用堆栈传递参数,程序设计过程更要细心,避免因错误使用堆栈而造成子程序不能正确返回。

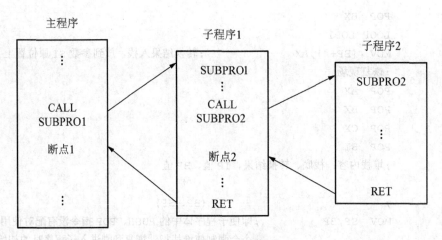

图 6.5 子程序的嵌套过程

例 6.7 使用子程序嵌套调用实现字符串的显示。

源程序如下：

```
DATA    SEGMENT
DATA1 DB 'The boy is in my class','$'
DATA    ENDS
CODE    SEGMENT
        ASSUME CS:CODE,DS:DATA
START:
        MOV   AX,DATA
        MOV   DS,AX
        LEA   SI,DATA1
        CALL  SUBPRO1
        MOV   AH,4CH
        INT   21H

SUBPRO1 PROC
        PUSH  AX
        PUSH  SI
    GO: MOV   AX,[SI]
        CMP   AX,'$'
        JZ    GO
        CALL  SUBPRO2
        INC   SI
        JMP   GO
    GO1: POP  SI
```

· 162 ·

```
            POP  AX
            RET
    SUBPRO1 ENDP

    SUBPRO2 PROC
            PUSH AX
            MOV  DL,AL
            MOV  AH,2
            INT  21H
            POP  AX
            RET
    SUBPRO2 ENDP

        CODE ENDS
            END START
```

6.5.2 子程序的递归调用

如果一个子程序能够调用自身,这种调用称为递归调用。递归调用是嵌套调用的特例。

递归子程序的设计要点如下:
① 递推性:逐级调用。
② 回归性:逐层回归。
③ 有穷性:具备终止条件。
④ 在递归调用过程中,应使用堆栈来传递参数。

下面以求阶乘为例,说明递归调用子程序的设计方法。

例 6.8 用子程序递归调用编程计算 N!。其中,0≤N≤6。

分析:由阶乘定义可知:

N!=1   当 N=0 时
N!=N×(N-1)!   当 N>0 时

为求得 N!,第一次调用以 N 为参数;为求得(N-1)!,第二次调用以(N-1)为参数;第三次调用以(N-2)为参数;以此类推,直到参数为 0 为止。此时,将每一步调用的结果相乘就是 N!的值。设计递归子程序时,必须保证每次对它的调用都不会破坏以前调用时所用的参数和中间结果,因此,在子程序开始处要对现场进行入栈保护。

子程序入口参数:(AX)=N
子程序出口参数:(AX)=N!
源程序如下:

```
DATA    SEGMENT
DATA1   DB   6
DATA2   DW   0
DATA    ENDS
CODE    SEGMENT
        ASSUME CS:CODE,DS:DATA
START:
        MOV   AX,DATA
        MOV   DS,AX
        MOV   AL,DATA1        ;AX 值为入口参数
        MOV   AH,0
        CALL  FACT
        MOV   DATA2,AX        ;AX 值为出口参数
        MOV   AH,4CH
        INT   21H
FACT    PROC                  ;递归子程序
        PUSH  DX
        MOV   DX,AX
        CMP   AX,0
        JZ    DONE
        DEC   AX
        CALL  FACT             ;递归调用,将断点和参数依次压栈
        MUL   DX
        POP   DX
        RET                    ;回归断点,完成 N!的求值过程
DONE:   MOV   AX,1             ;返回主程序;返回参数用 AX 传回给主程序
        POP   DX
        RET
FACT    ENDP
CODE    ENDS
        END   START
```

思考：请画出例6.8程序中堆栈的使用情况。

6.6 模块化程序设计

模块化程序设计是指,将整个程序分解为多个具有独立功能的部分,并分别编写、汇编,最后把这些功能部分连接在一起形成完整的可执行程序。

模块化程序设计所面临的问题是：模块分解、模块设计、模块连接。

例 6.9 编程显示 "The boy is in my class" 字符串。

分析：前面几个例题都使用了这个题目，完成过程并不复杂，但为了说明模块化程序设计思路，现将它分为两个模块来设计。模块 1 为主程序，它负责进行数据初始化工作，并调用在模块 2 中定义的子程序；在模块 2 中定义的子程序完成的功能是将字符串输出到屏幕上。

模块 1 名称 MODUL1.ASM，模块 2 名称为 MODUL2.ASM。

模块 1 源程序如下：

```
    EXTRN DISPLAY:FAR        ;告知 LINK 程序 DISPLAY 是位于另一个源程序中的过程
    PUBLIC MSG               ;声明变量 MSG 为全局变量
       DATA SEGMENT PARA PUBLIC 'DATA'    ;边界类型为 PARA，组合类型为 PUBLIC
       MSG DB 'The boy is in my class','$'
    DATA ENDS
       CODE SEGMENT PARA PUBLIC 'CODE'
       ASSUME CS:CODE,DS:DATA
       START:
            MOV  AX,DATA
            MOV  DS,AX
            CALL FAR PTR DISPLAY

            MOV  AH,4CH
            INT  21H
    CODE ENDS
            END START
```

模块 2 源程序如下：

```
    EXTRN MSG:BYTE           ;告知 LINK 程序变量 MSG 为外部引入变量
    PUBLIC DISPLAY           ;声明过程 DISPLAY 为可被调用的公共过程
       CODE SEGMENT PARA PUBLIC 'CODE'
       ASSUME CS:CODE
       DISPLAY PROC FAR
            MOV  DX,OFFSET MSG
            MOV  AH,9
            INT  21H
            RET
       DISPLAY ENDP
       CODE ENDS
       END
```

这里，将各模块中的外部引用伪指令 EXTRN 与 PUBLIC 均放在了文件的开始位置，这种安排是允许的。

为编译、连接为可执行文件，首先要将两个源程序文件分别编译成.obj 目标文件，然后连接为.exe 可执行文件。执行 LINK.exe 后，目标文件名以下面的形式输入。

```
Object Modules [.OBJ]:MODUL1+MODUL2 ↙
```

默认情况下，连接后生成的可执行文件名为 MODUL1.exe。

习 题 6

一、填空题

1. 子程序类型有两种，分别是_____类型和_____类型。
2. 子程序的参数传递媒介有_____、_____和_____3 种。
3. 主程序使用_____指令调用子程序，而子程序使用_____指令返回主程序。
4. 主程序调用 FAR 类型子程序时，将_____和_____依次压栈。
5. 主程序利用堆栈向子程序传递参数时，子程序使用_____寄存器获得参数。
6. 使用堆栈传递参数时，为能正确返回到主程序，应在子程序开始处安排两条指令：_____、_____；在子程序结尾处安排两条指令：_____、_____。
7. 如果一个子程序能够调用自身，这种调用称为_____。
8. 一般情况下，递归调用使用_____传递参数。

二、选择题

1. 主程序和调用的子程序同处于一个代码段中，则子程序的类型属性应定义为（　　）。
   A．TYPE　　　　B．WORD　　　　C．NEAR　　　　D．FAR
2. 如果子程序直接使用主程序中定义的变量取得参数，则该种参数传递方式为（　　）。
   A．寄存器方式　　B．存储器方式　　C．堆栈方式　　D．CPU 方式
3. 如果主程序调用子程序的调用深度为 4，则最后被调用的程序要经过（　　）个 RET 指令才能返回到主程序。
   A．2　　　　　　B．3　　　　　　C．4　　　　　　D．5
4. 子程序使用堆栈返回参数，应该将参数放置于（　　）。
   A．(CS)IP 值堆栈单元的低地址处
   B．(CS)IP 值堆栈单元的相邻低地址处
   C．(CS)IP 值堆栈单元的高地址处
   D．(CS)IP 值堆栈单元的相邻高地址处

上机训练6　子程序的编写、编译及调试

一、实验目的

1. 熟练掌握子程序的编写格式。
2. 正确使用调用 CALL 指令和返回 RET 指令。
3. 熟悉子程序的嵌套调用方法。

二、实验内容

使用子程序嵌套调用方法完成字符串的输出。

第 7 章 DOS 系统功能调用和 BIOS 中断调用

键盘、显示器、硬盘等输入/输出设备是计算机常用的外部设备，程序员要常常使用这些外部设备来完成某项任务。基本输入/输出管理系统（BIOS）和磁盘操作系统（DOS）中含有大量的用于支持各种输入/输出、设备管理、文件及目录管理等操作的实用程序，我们可以在应用程序中通过中断调用方式调用它们，以减轻编程工作量。DOS 和 BIOS 都是依靠 INT n 指令实现软件中断调用。

7.1 DOS 系统功能调用说明

DOS 操作系统为用户提供了许多中断服务例程。当中断类型码 n=20～3FH 时，采用 INT n 指令能够实现 DOS 中断服务程序调用。

特别地，当中断类型号为 n=21H 时，INT n 指令实现了 DOS 系统功能调用，它提供了访问几乎全部 DOS 功能的通用入口。在此中断例程中，DOS 提供了近百个子程序（编号为 0～57H）供程序员直接调用，这些子程序的功能体现在以下 6 个方面。

- 基本输入/输出管理。
- 传统文件管理。
- 扩充文件管理。
- 内存管理。
- 作业管理。
- 时间、日期等其他资源管理。

子程序功能详细说明如下：

01～0CH——字符 I/O（输入/输出）设备管理。包括针对键盘、显示器、打印机及异步通信接口等设备的输入/输出管理。

0D～24H——传统文件管理。包括初始化磁盘、选择磁盘、打开文件、关闭文件、删除文件、查找目录、顺序读文件、顺序写文件、建立文件、重命名文件、查找磁盘分配表、随机读文件、随机写文件及查看文件长度等功能。

27～29H——传统文件管理。包括随机块读/写文件和分析文件名功能。

39～3BH——扩充文件管理。包括建立子目录、修改当前目录、删除目录项、取当前目录等功能。

3C～46H——扩充文件管理。包括建立、打开、关闭文件、读/写文件或设备，在指定目录中删除文件、修改文件属性等功能。

47H——扩充文件管理。取当前目录。

4E～4FH——扩充文件管理。查找匹配文件。

54～57H——扩充文件管理。读取校验状态，重命名文件，读取、设置文件日期和时间。

48～4BH——内存管理。包括分配内存、释放内存、载入或执行程序。

00H——作业管理。退出应用程序并返回到操作系统。

26H——作业管理。建立程序段，创建新的PSP。

31H——作业管理。终止用户程序并驻留内存。

4CH——作业管理。终止当前程序并返回操作系统。

4DH——作业管理。取子进程的返回代码。

25H——其他资源管理。设置中断向量。

35H——其他资源管理。读取中断向量。

2A～2EH——其他资源管理。读取、设置系统时间和日期。

2F～38H——其他资源管理。读取DOS版本号、读取磁盘空闲空间等。

50～53H——DOS内部使用。

7.2 DOS系统功能调用方法

从7.1节内容可知，提供DOS功能调用的子程序种类有很多，本节只就常见的功能调用加以说明。

所有功能调用格式基本一致，大体步骤如下：

① 系统入口参数送到指定寄存器。
② 系统功能号送到AH。
③ 用"INT 21H"指令执行功能调用。
④ 根据出口参数分析调用执行结果。

有的子程序不需要入口参数，但大部分子程序需要将入口参数送入指定位置。程序员只要给出前3种信息，DOS系统会自动转入相应的子程序去执行。调用结束后有出口参数则存放在寄存器中，有些子程序调用后会在屏幕上看到调用结果。

在以上步骤中，入口参数和出口参数不是必须的。

下面归纳出在汇编语言中常见的5个DOS系统功能调用，并用表7.1加以比较。

表7.1 常用的DOS系统功能调用

AH内容（功能号）	功　能	入口参数	出口参数
4CH	返回DOS操作系统	无	无
1	从键盘输入一个字符到AL寄存器中	无	AL=字符ASCII码
2	输出DL寄存器中的字符到显示器	DL=字符ASCII码	无

续表

AH 内容（功能号）	功　　能	入口参数	出口参数
9	输出内存中一个以 "$" 结尾的字符串到显示器	DS：字符串所在段地址 DX：字符串首地址	无
0AH	从键盘输入一个字符串到指定内存缓冲区	DS：缓冲区所在段地址 DX：缓冲区首地址	内存缓冲区

4CH 号功能调用经常出现在应用程序中，用于结束程序返回操作系统。下面以实例形式介绍其他常见的 DOS 系统功能调用。

1. 从键盘输入字符

入口参数：无；

功能号：1；

出口参数：AL=字符 ASCII 码。

例 7.1　使用 1 号调用，从键盘输入一个字符到 AL 寄存器中。

程序段代码如下：

```
MOV AH,1
INT 21H
```

当程序执行到上面系统调用后，显示屏将出现提示输入的光标，等待用户输入。当用户从键盘输入一个字符后，该调用把输入字符的 ASCII 码保存在 AL 寄存器中，并将这个字符显示在屏幕上。

该调用常应用于交互程序中，见例 7.2。

例 7.2　编写程序段，实现当用户输入 a、b 或 c 时，主程序会转入相应的子程序执行。

```
TIAOZHUAN:MOV AH,1
          INT 21H              ;系统等待输入字符
          CMP AL,'a'
          JE ONE               ;如果输入字符是 "a"，则跳转到 "one" 处执行
          CMP AL,'b'
          JE TWO
          CMP AL,'c'
          JE THREE
          JMP TIAOZHUAN        ;输入字符不是 "a" "b" "c"，则继续等待字符输入
ONE:…
TWO:…
THREE:…
```

2. 输出字符到显示器

入口参数：DL=字符 ASCII 码；

功能号：2；

出口参数：无。

例 7.3 使用 2 号调用，将存放于 AL 中的十进制数字输出到显示屏上。

程序段代码如下：

```
MOV DL,AL
ADD DL,30H
MOV AH,02H
INT 21H
```

3. 输出字符串到显示器

入口参数：DS=字符串所在段地址，DX=字符串首地址；

功能号：9；

出口参数：无。

例 7.4 编写程序，使用 9 号功能在屏幕上显示字符串 "IBM PERSONAL COMPUTER."。

程序代码如下：

```
DATA SEGMENT
    BUF DB 'IBM PERSONAL COMPUTER.',0AH,0DH,'$'
DATA ENDS
CODE SEGMENT
    MOV AX,DATA
    MOV DS,AX
    MOV DX,OFFSET BUF
    MOV AH,09H
    INT 21H
CODE ENDS
```

执行程序后，在屏幕上会显示 "IBM PERSONAL COMPUTER." 字符串。

使用 9 号功能调用时应注意：待显示的字符串应存放于数据段中，并且以 "$" 符号作为串结束标志；应将字符串首地址的段基址和偏移地址分别存放于 DS 和 DX 寄存器中。

4. 从键盘输入字符串

入口参数：DS=缓冲区所在段地址，DX=缓冲区首地址；

功能号：0AH；

出口参数：内存缓冲区。

在使用 0AH 号功能调用时，应首先在内存中建立字符输入缓冲区，并注意以下几个问题。

- 缓冲区内第一个字节定义为最多输入字符的个数，不能为"0"值，其内容由用户给出。第二个字节预留，在执行调用后自动返回实际输入字符的个数。从第三个字节开始存入从键盘上接收字符的 ASCII 码。若实际输入的字符个数少于定义的最大字符个数，则缓冲区其他单元自动清 0。若实际输入的字符个数大于定义的字符个数，其后输入的字符丢弃不用，一直到按回车键结束输入。
- 回车符的 ASCII 码（0DH）作为最后一个字符送入缓冲区。
- 整个缓冲区的长度为定义的最多输入字符个数（包括回车符）加 2。
- 输入字符串长度可达 255 个字符。
- 应当将字符缓冲区首地址的段基址和偏移地址分别存入 DS 和 DX 寄存器中。

例 7.5 使用 0AH 号功能调用，从键盘输入字符串并存放于内存指定缓冲区。

```
DATA SEGMENT
    BUF DB 31                ;定义字符输入最多个数
    BAOLIU DB ?              ;保留单元,存放输入的实际字符个数
    CHAR DB 31 DUP (?)       ;定义 31 个字节的存储空间
    DB '$'
DATA ENDS
CODE SEGMENT
    MOV AX,DATA
    MOV DS,AX
    MOV DX,OFFSET BUF
    MOV AH,0AH
    INT 21H
CODE ENDS
```

例 7.6 从键盘输入字符串存放于内存指定缓冲区，并在屏幕上显示出来。

编程时注意 9 号功能调用的入口参数 DX 值应为显示字符串的首地址，程序代码如下：

```
DATA SEGMENT
    BUF DB 31
    BAOLIU DB ?
    CHAR DB 31 DUP (?)
```

```
        DB '$'
   DATA ENDS
   CODE SEGMENT
        MOV AX,DATA
        MOV DS,AX
        MOV DX,OFFSET BUF
        MOV AH,0AH
        INT 21H
        ADD DX,2
        MOV AH,09H
        INT 21H
   CODE ENDS
```

7.3 BIOS 中断调用说明

BIOS 是英文 Basic Input Output System 的缩写，中文含义为基本输入/输出系统。其实，BIOS 是一组固化到计算机主板 ROM 中的程序。早期版本的 BIOS 只占有 8KB 的内存空间，地址范围 0FE000H～0FFFFFH。

BIOS 中包括上电自检程序、I/O 控制芯片初始化程序、系统配置参数设置程序及系统自举程序。BIOS 为计算机系统提供了最底层、最直接的硬件设置和控制。

BIOS 功能过程如下：

① 上电自检：检测 CPU 寄存器、时钟芯片、中断芯片、DMA 控制器等。

② 初始化：初始化寄存器，初始化 I/O 控制芯片，分配中断、I/O 端口、DMA 资源等。

③ 系统设置：进行系统设置，并将设置参数存放于 CMOS RAM 中。开机时按【Delete】键或【F2】键可进入设置程序界面。

④ 常驻程序：将 INT 10H、INT 13H、INT 15H 等中断服务程序常驻内存，提供给操作系统或应用程序调用。

⑤ 启动自举程序：调用 INT 19H，启动自举程序。自举程序将读取磁盘引导记录，装载操作系统，将计算机系统交由操作系统控制。

BIOS 比 DOS 更接近计算机硬件，其内部还包含最基本的输入/输出控制程序和中断服务程序。DOS 系统功能调用是以 BIOS 调用为基础的，一个 DOS 系统功能调用实际可展开为若干个 BIOS 调用。

BIOS 中断服务程序类型码范围 0～1FH，各种服务程序功能如表 7.2 所示。

表 7.2 BIOS 中断服务程序类型码

类型码	中断功能	类型码	中断功能
00H	除以 0 错误中断	11H	设备配置检测
01H	单步执行	12H	存储器容量检测
02H	处理 NMI 非屏蔽中断	13H	软、硬盘 I/O 调用
03H	断点中断	14H	RS-232 串行接口 I/O 调用
04H	溢出中断	15H	盒式磁带机 I/O 调用
05H	屏幕打印输出中断	16H	键盘 I/O 调用
06~07H	保留	17H	打印机 I/O 调用
08H	定时器可屏蔽中断	18H	ROM BASIC 入口
09H	键盘中断	19H	自举程序入口
0AH	保留	1AH	时间 BIOS 调用
0BH	串行通信接口 2	1BH	键盘【Ctrl+Break】组合键控制的软中断
0CH	串行通信接口 1	1CH	用户定时器
0DH	硬盘并口中断	1DH	显示器参数表
0EH	软盘接口中断	1EH	软盘参数表
0FH	并行打印机接口中断	1FH	图形字符表
10H	显示器 I/O 控制（BIOS 调用）		

7.4 BIOS 中断调用举例

BIOS 中断调用方法与 DOS 系统功能调用方法基本一致，大体步骤如下：
① 入口参数送到指定寄存器。
② 功能号送到 AH。
③ 执行 INT n 指令，实现中断调用。
④ 分析、应用出口参数。

7.4.1 INT 10H 中断调用举例

1. 设置显示方式

入口参数：AL=显示方式代码，各代码的含义如下：

    00H   40×25 字符   黑白文本方式
    01H   40×25 字符   彩色文本方式
    02H   80×25 字符   黑白文本方式
    03H   80×25 字符   彩色文本方式
    04H   320×200 像素点 彩色图形方式

05H	320×200 像素点	黑白图形方式
06H	320×200 像素点	黑白图形方式
07H	80×25 字符	单色文本方式
08H	160×200 像素点	16 色图形方式
12H	640×480 像素点	16 色图形方式
13H	320×200 像素点	256 色图形方式

功能号：AH=00H；

出口参数：无。

例 7.7 将显示方式设置为 40×25 字符彩色文本方式。

```
MOV AL,01H
MOV AH,00H
INT 10H
```

2. 置光标位置

入口参数：

BH=页号

DH=行号

DL=列号

功能号：AH=02H；

出口参数：无。

例 7.8 将光标置于 1 页 20 行 30 列位置。

```
MOV BH,1
MOV DH,20
MOV DL,30
MOV AH,2
INT 10H
```

3. 读光标位置

入口参数：BH=页号；

功能号：AH=03H；

出口参数：

CH=光标起始行

DH=行号

DL=列号

4. 在光标位置显示字符及属性

入口参数：

BH=显示页
AL=字符 ASCII 码
BL=字符属性
CX=字符重复显示次数
功能号：AH=09H；
出口参数：无。

字符属性是指字符的显示特性。对于单色显示，字符属性定义了是否闪烁，是否加强亮度等参数；对于彩色显示，字符属性定义了字符颜色（前景色）、背景颜色及闪烁和亮度效果。

字符属性格式如下（如果某位值为 1，则选用该位定义的功能）。

D_7	D_6	D_5	D_4	D_3	D_2	D_1	D_0
BL	R	G	B	I	R	G	B
闪烁	背景色			高亮	前景色		

例 7.9 在当前页 20 行 30 列位置显示 5 个绿底白色的字符 "b"。

```
MOV BH,0
MOV DH,20
MOV DL,30
MOV AH,2
INT 10H

MOV BH,0
MOV AL,"b"
MOV BL,00100111B
MOV CX,5
MOV AH,9
INT 10H
```

5. 在光标位置显示字符

入口参数：
BH=显示页
AL=字符的 ASCII 码
CX=字符重复显示的次数
功能号：AH=0AH；
出口参数：无。

7.4.2 BIOS 其他类型中断调用举例

1. 设备配置检测

入口参数：无；
中断类型号：11H；
出口参数：
AX=返回值
$BIT_0=1$　　　　　配有磁盘
$BIT_1=1$　　　　　配有协处理器
$BIT_{12}=1$　　　　配有游戏适配器
$BIT_{13}=1$　　　　配有串行打印机

2. 存储器容量检测

入口参数：无；
中断类型号：12H；
出口参数：AX=字节数（KB）。

3. 磁盘控制器复位

入口参数：无；
功能号：AH=00H，软、硬盘控制器复位；
中断类型号：13H；
出口参数：无。

4. 读磁盘扇区

入口参数：
AL=扇区数
CH,CL=磁道号,扇区号
DH,DL=磁头号,驱动器号
ES:BX=内存数据缓冲区地址
功能号：AH=02H；
中断类型号：13H；
出口参数：
AH=0　　读成功
AH=出错代码　　读失败
AL=读取的扇区数

说明：软驱 A 的驱动器号为 0，软驱 B 的驱动器号为 1，硬盘 C 的驱动器号为 80H，硬盘 D 的驱动器号为 81H。

例 7.10 读取软盘 A 中 0 面 0 道 1 扇区的内容到内存 0:200H。

```
MOV AX,0
MOV ES,AX
MOV BX,200H
MOV AL,1
MOV CH,0
MOV CL,1
MOV DH,0
MOV DL,0
MOV AH,2
INT 13H
```

5. 写磁盘扇区

入口参数：
AL=扇区数；
CH,CL=磁道号,扇区号；
DH,DL=磁头号,驱动器号；
ES:BX=内存数据缓冲区地址。
功能号：AH=03H。
中断类型号：13H。
出口参数：
AH=0,写成功；
AH=出错代码,写失败；
AL=写入的扇区数。

6. 读键盘

入口参数：无；
功能号：AH=00H，读键盘；
中断类型号：16H；
出口参数：AL=字符 ASCII 码，AH=扫描码。
入口参数：无；
功能号：AH=01H 读键盘缓冲区并置 ZF 标志位；
中断类型号：16H；
出口参数：

ZF=0：AL=字符码 AH=扫描码；
ZF=1：键盘缓冲区空。
入口参数：无；
功能号：AH=02H，读取特殊功能键状态；
中断类型号：16H；
出口参数：AL=键状态。

例 7.11　从键盘读取一个字符。

```
MOV AH,0
INT 16H
```

习 题 7

一、填空题

1. BIOS 在 ROM 中的起始地址为_____。
2. 在使用 INT 21H 的 09H 号功能输出字符串到屏幕时，字符串所在段地址使用_____寄存器，首地址使用_____寄存器，字符串以_____符号作为结束标志。
3. 在使用 INT 21H 的 0A 号功能从键盘输入字符串到内存缓冲区时，缓冲区的长度为定义的最多输入字符个数加_____。
4. BIOS 中断类型码范围是_____。

二、简答题

1. BIOS 和 DOS 中断调用的步骤是什么？
2. BIOS 和 DOS 中断调用的区别是什么？
3. 使用 INT 21H 的 09 号功能输出字符串时应注意哪些问题？
4. 使用 INT 21H 的 0AH 号功能输入字符串时应注意哪些问题？
5. 什么是字符的显示属性？

上机训练 7　使用 BIOS 中断调用实现屏幕控制输出

实验目的

1. 在显示器固定位置输出字符串。
2. 熟练掌握 BIOS 中断调用方法。
3. 熟练掌握 DOS 中断调用方法。
4. 熟悉字符显示属性的控制方法。

第 8 章　80386 汇编语言程序设计基础

80386 CPU 是 Intel 公司 80x86 发展史上的里程碑,它不但兼容了前期版本的处理器,也为后来的 486、Pentium、Pentium Pro 的发展打下了坚实基础。

80386 CPU 是 32 位微处理器,有 3 种工作方式:实模式、保护模式和虚拟 8086 模式。虚拟 8086 模式主要用于兼容 8086 应用程序。

在 Windows 启动后,80386 就进入保护模式。在保护模式下,80386 的 32 条地址线全部有效,物理寻址空间达 4 GB;存储器分段管理机制和可选的存储器分页管理机制,不仅为存储器共享和保护提供了硬件支持,而且为实现虚拟存储器提供了硬件支持;支持多任务,能够快速实现任务切换和保护任务环境;4 个优先级和特权检查机制,对所有的内存和 I/O 访问操作都进行严格检查,能够屏蔽普通应用程序对系统、硬件和中断等资源的直接访问,以此实现资源共享和数据安全。

对于程序员来说,更为关心的是 80386 比 8086 在指令上有哪些扩展?有哪些寻址方式?80386 汇编语言不但兼容了 8086 所有指令,而且在指令系统扩展、寻址方式等方面能力大大增强。

本章将从 80386 CPU 逻辑结构、寄存器结构、指令系统及指令寻址方式等方面展开介绍,为 32 位汇编语言的学习打好基础。

8.1　80386 CPU 的逻辑结构及引脚

80386 CPU 内部含有的六大功能部件如下:
① BIU:总线接口部件。
功能说明:产生 CPU 访问存储器、I/O 设备所需的命令信号、地址信号,完成程序指令和数据的传送。
② IPU:指令预取部件。
功能说明:容纳 16 字节的预取指令,提出预取请求。
③ IDU:指令译码部件。
功能说明:完成指令译码。
④ SU:分段部件。
功能说明:完成执行单元的地址请求,将虚地址转换为线性地址。
⑤ PU:分页部件。
功能说明:将线性地址转换为物理地址。
SU 与 PU 合称为存储管理部件(MMU)。

⑥ EU：执行部件。

功能说明：完成指令操作。

80386 CPU 内部逻辑结构如图 8.1 所示。

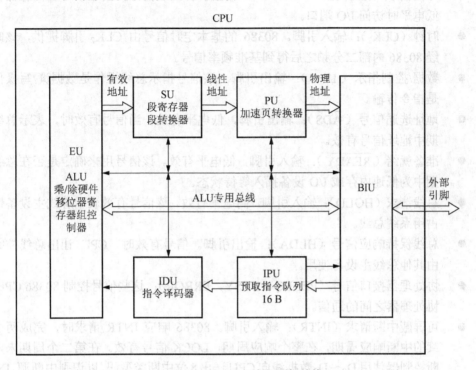

图 8.1 80386 CPU 内部逻辑结构

80386 CPU 采用 PGA（Pin Grid Array，引脚网格阵列）封装，采用这种封装工艺单根引脚所占用面积较双列直插式小，因此引脚数目较 8086 CPU 大大增加，也不必再采用引脚复用技术。

80386 CPU 有 132 根引脚，其中含 34 条地址线（$A_{31} \sim A_2$、$\overline{BE_3} \sim \overline{BE_0}$）、32 条数据线（$D_{31} \sim D_0$）、3 条中断线、1 条时钟线、13 条控制线、20 条电源线 V_{CC}、21 条地线 V_{SS} 及 8 个空脚。

下面简单介绍引脚的作用。

- 地址引脚（$A_{31} \sim A_2$，$\overline{BE_3} \sim \overline{BE_0}$）：输出引脚。地址引脚包括 $A_2 \sim A_{31}$ 地址引脚和字节选通 $\overline{BE_3} \sim \overline{BE_0}$ 引脚，这些引脚起到 CPU 发出 32 位地址的作用。$\overline{BE_3} \sim \overline{BE_0}$ 信号低电平有效，功能与 8086 系统的 $\overline{BHE}$ 信号相似，它们是 CPU 内部地址信号 A_0 和 A_1 的译码输出，用来选通存储体。选通的存储体可以与 80386 CPU 完成字节、字或双字的传送。

- 数据引脚（$D_{31} \sim D_0$）：双向引脚。为 80386 和其他设备间提供数据传送通道。使用 32 位数据总线一次可并行传送 8 位、16 位或 32 位数据。

- 读/写指示（W/$\overline{\text{R}}$）：输出引脚。高电平时 CPU 执行写存储器或 I/O 操作，低电平时执行读操作。
- 存储器/外设操作指示（M/$\overline{\text{IO}}$）：输出引脚。该信号为高电平时访问存储器，低电平时访问 I/O 端口。
- 时钟（CLK_2）：输入引脚。80386 的基本定时信号由 CLK_2 引脚提供，该时钟经 80386 内部二分频之后得到基准频率信号。
- 数据/控制指示（D/$\overline{\text{C}}$）：输出引脚。该信号指示总线操作是数据读/写操作还是指令传输。
- 地址选通信号（$\overline{\text{ADS}}$）：输出引脚，低电平有效。当信号有效时，表示总线周期中地址信号有效。
- 准备就绪（$\overline{\text{READY}}$）：输入引脚，低电平有效。该信号用来确定是否在总线周期中为低速内存或 I/O 设备插入等待状态。
- 总线请求（HOLD）：输入引脚，高电平有效。该信号有效表示总线主设备请求占用系统总线。
- 总线保持响应信号（HLDA）：输出引脚。信号有效时，CPU 让出总线控制权由其他总线主设备使用。
- 协处理器接口信号（PEREQ，BUSY，ERROR）：这些信号控制 80386 CPU 与协处理器之间的通信。
- 可屏蔽中断请求（INTR）：输入引脚。80386 响应 INTR 请求时，完成两个连续的中断响应周期，在整个响应周期，LOCK 信号有效。在第二个周期末，中断控制器使用 $D_0 \sim D_7$ 数据线向 CPU 送出 8 位中断类型码，以识别中断源。INTR 信号可以由 80386 标志寄存器中的 IF 标志位屏蔽。
- 非屏蔽中断请求（NMI）：输入引脚。NMI 请求信号产生时不受 IF 标志位影响，在 CPU 内部直接产生中断类型 2 号的响应。
- 系统复位信号（RESET）：输入引脚。当 RESET 有效时，将中止 80386 正在执行的一切操作，并恢复初始上电时的复位状态。
- 电源（V_{CC}）：80386 有 20 根电源引脚，分别连接到主板电源端。
- 地线（V_{SS}）：80386 有 21 根地线引脚，分别连接到主板地线端。

8.2　80386 CPU 中的寄存器

学习 32 位汇编语言，首先要了解 80386 CPU 内部寄存器结构及使用方法。

80386 CPU 共含有 34 个寄存器，它们分别是数据寄存器、变址寄存器、指针寄存器、段寄存器、指令指针寄存器、标志寄存器、系统表寄存器、控制寄存器、调试寄存器和测试寄存器等。

可将 80386 CPU 中的寄存器归为以下几类。

第8章 80386汇编语言程序设计基础

- 4个32位数据寄存器：EAX、EBX、ECX、EDX。
- 2个32位变址寄存器：ESI、EDI。
- 2个32位指针寄存器：ESP、EBP。
- 6个16位段寄存器：CS、SS、DS、ES、FS、GS。
- 1个32位指令指针寄存器：EIP。
- 1个32位标志寄存器：EFLAGS。
- 4个系统表寄存器：GDTR（48位）、IDTR（48位）、LDTR（16位）、TR（16位）。
- 4个32位控制寄存器：CR_0、CR_1、CR_2、CR_3。
- 调试寄存器：DR_0、DR_1、DR_2、DR_3、DR_4、DR_5、DR_6、DR_7。
- 测试寄存器：TR_6、TR_7。

前3类寄存器合称通用寄存器。最后3类寄存器是80386及以后CPU才具有的。从分类中可以看到这些寄存器不都是32位的，而且一些寄存器在不同CPU工作模式下的作用也不同，对于这一点读者在学习时要特别注意。

1. 数据寄存器

80386 CPU有4个32位的数据寄存器EAX、EBX、ECX和EDX。数据寄存器主要用来保存操作数和运算结果等信息，从而节省读取操作数所需占用总线和访问存储器的时间。数据寄存器结构如图8.2所示。

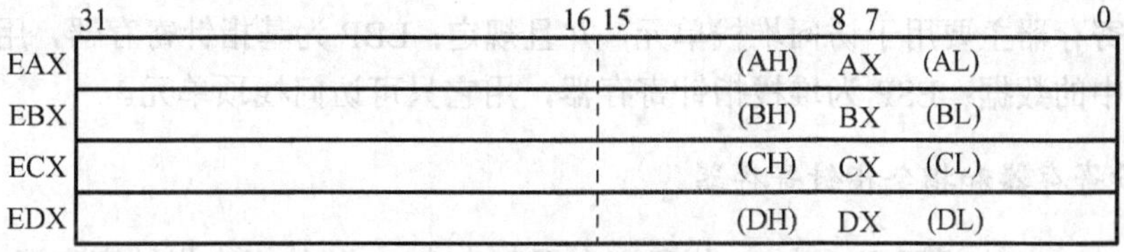

31	16 15	8 7	0
EAX		(AH) AX	(AL)
EBX		(BH) BX	(BL)
ECX		(CH) CX	(CL)
EDX		(DH) DX	(DL)

图8.2 数据寄存器结构

- **EAX**：累加器。它用于保存操作数和运算结果、乘除运算、I/O操作中与外设端口传送信息。
- **EBX**：基地址寄存器。查表和间接寻址时存放基址。
- **ECX**：计数寄存器。在循环和字符串操作时，要用它来控制循环次数；在进行多位移位操作中，要用CL来指明移位的位数。
- **EDX**：数据寄存器。在进行乘、除运算时，它可作为默认的操作数参与运算，也可用于存放I/O端口地址。

EAX、EBX、ECX和EDX不仅可传送数据、暂存数据、保存算术逻辑运算结果，而且都可以作为指针寄存器，所以，这些32位寄存器更具有通用性。

为与8086结构兼容，4个数据寄存器的低16位可独立使用，从而构成AX、BX、CX和DX独立的16位寄存器。低16位的数据存取，不会影响32位寄存器中的高16

位数据。4 个 16 位寄存器又可分割成 8 个独立的 8 位寄存器：AX 分成 AH 和 AL，BX 分成 BH 和 BL，CX 分成 CH 和 CL，DX 分成 DH 和 DL。

2. 变址寄存器和指针寄存器

80386 CPU 有 2 个 32 位变址寄存器 ESI 和 EDI，2 个 32 位指针寄存器 ESP 和 EBP，如图 8.3 所示。

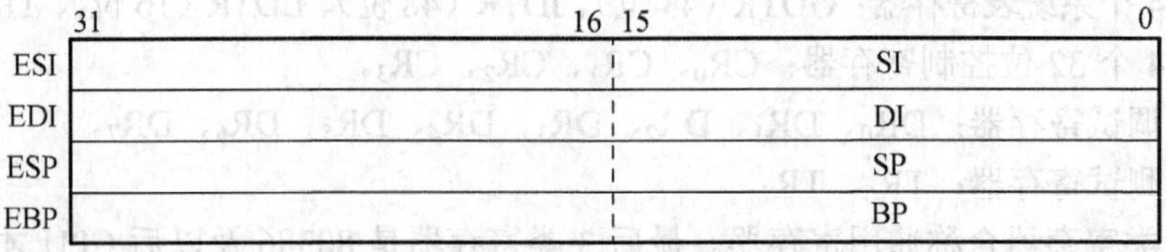

31
16 15
0
ESI
SI
EDI
DI
ESP
SP
EBP
BP

图 8.3 变址寄存器和指针寄存器结构

32 位变址寄存器（ESI 和 EDI）的低 16 位分别对应 8086 CPU 中的 SI 和 DI，低 16 位数据的存取不影响高 16 位数据。

变址寄存器主要用于存放存储单元在段内的地址偏移量，可实现多种存储器操作数的寻址方式。字符串操作过程对它们有特定的使用要求。

32 位指针寄存器（ESP 和 EBP）的低 16 位分别对应 8086 CPU 中的 SP 和 BP，低 16 位数据的存取不影响高 16 位数据。

指针寄存器主要用于访问堆栈单元，并且规定：EBP 为基指针寄存器，用它可直接存取堆栈中的数据；ESP 为堆栈指针寄存器，用它只可访问栈顶单元。

3. 段寄存器和指令指针寄存器

80386 CPU 中设置了 6 个 16 位段寄存器和 1 个 32 位的指令指针寄存器，如图 8.4 所示。

CS
DS
SS
ES
FS
GS
EIP
IP
31
16 15
0

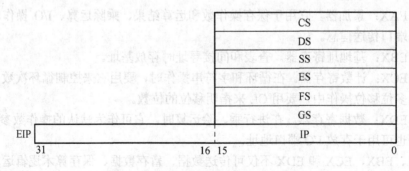

图 8.4 段寄存器和指令指针寄存器结构

段寄存器是根据内存分段的管理模式而设置的。各段寄存器名称如下：

CS——代码段寄存器，其值为代码段的段值。

DS——数据段寄存器,其值为数据段的段值。
SS——堆栈段寄存器,其值为堆栈段的段值。
ES——附加段寄存器,其值为附加数据段的段值。
FS——附加段寄存器,其值为附加数据段的段值。
GS——附加段寄存器,其值为附加数据段的段值。

前 4 个段寄存器与 8086 CPU 兼容,在 80386 CPU 工作在实模式时,逻辑地址仍为"段值:偏移量"的形式。

在 80386 CPU 工作于保护模式时,段寄存器的内容不再是段值,而被称为"选择子"。

指令指针寄存器 EIP 为 32 位,其低 16 位与 8086 中 IP 的作用相同。指令指针寄存器中存放的是下次预取指令在代码段中的地址偏移量。

4. 标志寄存器

32 位标志寄存器 EFLAGS 由 8086 标志寄存器扩展而来,如图 8.5 所示。

EFLAGS 31	17	16	15	14	13 12	11	10	9	8	7	6	5	4	3	2	1	0
保留位	VM	RF		NT	IOPL	OF	DF	IF	TF	SF	ZF		AF		PF		CF

图 8.5 标志寄存器结构

(1) 进位标志 CF

进位标志 CF 主要用来反映运算是否产生进位或借位。如果运算结果的最高位产生了一个进位或借位,则其值为 1,否则值为 0。

(2) 奇偶标志 PF

奇偶标志 PF 用于反映运算结果中 1 的个数的奇偶性。如果 1 的个数为偶数,则 PF 的值为 1,否则值为 0。

(3) 辅助进位标志 AF

在发生下列情况时,辅助进位标志 AF 的值被置为 1,否则值为 0。

① 在字操作时,发生低字节向高字节进位或借位。

② 在字节操作时,发生低 4 位向高 4 位进位或借位。

(4) 零标志 ZF

零标志 ZF 用来反映运算结果是否为 0。如果运算结果为 0,则其值为 1,否则值为 0。在判断运算结果是否为 0 时,可使用此标志位。

(5) 符号标志 SF

符号标志 SF 用来反映运算结果的符号位,它与运算结果的最高位相同。运算结果为正数时,SF 的值为 0,否则值为 1。

(6) 溢出标志 OF

溢出标志 OF 用于反映有符号数加减运算所得结果是否溢出。如果运算结果超过当前运算位数所能表示的范围，则称为溢出，OF 的值被置为 1，否则 OF 的值为 0。

（7）追踪标志 TF

当追踪标志 TF 被置为 1 时，CPU 进入单步执行方式，即每执行一条指令，产生一个单步中断请求。这种方式主要用于程序的调试。

（8）中断允许标志 IF

中断允许标志 IF 是用来决定 CPU 是否响应外部的可屏蔽中断请求。

（9）方向标志 DF

方向标志 DF 用来决定在串操作指令执行时变址寄存器内容调整的方向。

（10）I/O 特权标志 IOPL

I/O 特权标志 IOPL 用两个二进制位来表示，指定 I/O 操作的优先级要求。

如果当前的优先级在数值上小于等于 IOPL 的值，则可以执行 I/O 操作，否则产生一个保护性异常。

（11）嵌套任务标志 NT

嵌套任务标志 NT 用来控制中断返回指令 IRET 的执行。具体规定如下：

① 当 NT=0 时，用堆栈中保存的值恢复 EFLAGS、CS 和 EIP，执行常规的中断返回操作。

② 当 NT=1 时，通过任务切换实现中断返回。

（12）重启动标志 RF

重启动标志 RF 与调试寄存器一起作用于断点和单步操作。当 RF=1 时，下一条指令的任何调试故障将被忽略，不产生异常中断；当 RF=0 时，调试故障被接受，并产生异常中断。在成功执行每条指令后，RF 自动复位。

（13）虚拟 8086 方式标志 VM

如果该标志的值被置 1 且 80386 已处于保护模式，则 CPU 切换到虚拟的 8086 模式下工作，否则，CPU 处于一般保护方式下的工作状态。

5. 系统表寄存器

系统表寄存器用于描述 Windows 操作系统所建系统表的各项信息。

GDTR：全局描述符表寄存器（48bit）（图 8.6）。

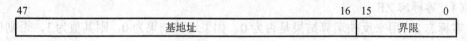

图 8.6　GDTR 结构

IDTR：中断描述符表寄存器（48bit）（图 8.7）。

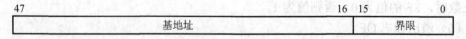

图 8.7　IDTR 结构

LDTR：局部描述符表寄存器（16bit）（图 8.8）。
TR：任务状态寄存器（16bit）（图 8.9）。

图 8.8　LDTR 结构　　　　　　　图 8.9　TR 结构

6. 控制寄存器

4 个 32 位的控制寄存器用于控制 80386 CPU 的工作方式。

CR_0：其结构如图 8.10 所示。

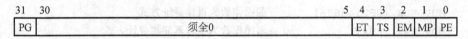

图 8.10　CR_0 寄存器结构

CR_1：该寄存器 80386 保留未用。
CR_2：bit31～bit0 用来保存页故障的线性地址。
CR_3：其结构如图 8.11 所示。

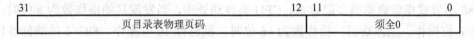

图 8.11　CR_3 寄存器结构

控制寄存器 CR_0 的 PE 位是保护状态标记，PE=1 时，表示计算机系统处于保护状态，并启动存储器分段管理机制。PG 位控制存储器分页管理机制，PG=1 时，启动分页管理机制。PE 和 PG 的组合功能如下：

PE	PG	计算机系统工作方式
0	0	实模式（16 位 DOS 系统模式）
0	1	非法
1	0	保护模式，禁止分页
1	1	保护模式，启动分页

8.3　80386 系统的寻址方式

寻址包括指令寻址和操作数寻址。狭义地讲，寻址方式就是指令中用于指明操作数所在地址的方法，或者说成是形成操作数偏移地址的方法。

回顾一下，8086 的寻址方式共有 7 种，分别是立即寻址、直接寻址、寄存器寻址、寄存器间接寻址、寄存器相对寻址、基址加变址寻址以及相对基址加变址寻址方式。

8.3.1 寻址方式

80386 支持 8086 的各种寻址方式，只不过使用寄存器的方法更为灵活，而且，它的操作数可以是 32 位、16 位和 8 位。

需要注意的是，8086 只允许 BP、BX、SI、DI 作为寻址寄存器。80386 的 8 个通用寄存器（EAX、EBX、ECX、EDX、ESI、EDI、EBP 和 ESP）都可用来作为寻址寄存器。

下面列举说明 32 位系统的寻址方式。

```
MOV EAX,12345678H        ;源操作数为立即寻址；目的操作数是寄存器寻址
MOV EAX,EBX              ;源操作数和目的操作数都是寄存器寻址
MOV EDX,[03214567H]      ;源操作数为直接寻址方式
MOV EAX,[EBX]            ;源操作数为寄存器间接寻址方式
MOV AX,[EBX+90H]         ;源操作数为寄存器相对寻址方式，操作数为 16 位
MOV AX,[EBX+ESI*4]       ;源操作数为基址加变址寻址方式，操作数为 16 位
MOV DL,[EAX+EDX*2+300H]  ;源操作数为相对基址加变址寻址方式，操作数为 8 位
```

使用寻址方式时要注意以下事项。

① 在 8086 下进行的字或字节操作，往往要加上 WORD PTR 或 BYTE PTR 限定符。80386 不显式指定数据类型限定符，CPU 会自动处理，当发现目的操作数为 8 位时，就进行 8 位操作。当发现目的操作数为 16 位时，就进行 16 位操作。80386 的数据操作以目的操作数长度为准。

② EAX、EBX、ECX、EDX、ESI、EDI、EBP 和 ESP 都可作为基址寄存器。

③ EAX、EBX、ECX、EDX、ESI、EDI 和 EBP（除 ESP 之外）都可作为变址寄存器。

④ 变址寄存器的比例因子可选*1、*2、*4 和*8。

⑤ 操作数可为 8 位、16 位、32 位，地址偏移量一般为 32 位。

⑥ 寄存器的书写顺序决定该寄存器是基址寄存器，还是变址寄存器。例如，[EBX+EBP]中的 EBX 是基址寄存器，EBP 是变址寄存器，而[EBP+EBX]中的 EBP 是基址寄存器，EBX 是变址寄存器。

80386 CPU 中含有 6 个段寄存器，操作数到底在内存的哪个段中？这就涉及段寄存器的引用问题。

默认段寄存器的选用取决于基址寄存器。当基址寄存器是 EBP 或 ESP 时，默认的段寄存器使用 SS，否则，默认的段寄存器使用 DS。当操作数前设定了段前缀方式，则引用的段寄存器为前缀中显式给出的段寄存器。

例 8.1 说明下列指令中段寄存器的引用。

```
MOV AX,[123458H]         ;源操作数默认引用的段寄存器为 DS
MOV EBX,[EBP+EBX]        ;源操作数默认引用的段寄存器为 SS
```

```
        MOV EBX,FS:[EAX+EDX*2+500H]    ;由段前缀指明引用的段寄存器为 FS
        MOV EAX,[EBP+ESP+2]            ;指令错误，因为不可以用 ESP 作为变址寄存器
```

以上大家学习了 80386 的寻址方式，不免要问：在实模式和虚拟 8086 模式下能使用 32 位的寄存器吗？能不能采用所有的 80386 寻址方式？

注意：

- 32 位 CPU 中的通用寄存器是 32 位的，而程序使用的 16 位寄存器是 32 位寄存器的低 16 位。32 位寄存器是 80386 以后的 CPU 才具有的。
- 32 位汇编语言程序是指在 CPU 保护模式下运行的应用程序，使用 32 位偏移量。实模式和虚拟 8086 模式下汇编语言程序使用 16 位偏移量。
- 32 位机处于实模式和虚拟 8086 模式时，汇编语言程序可以使用 32 位寄存器来储存数据并参与运算，但 32 位的寄存器不能用于间接寻址方式。
- 16 位的汇编语言程序只能采用 80386 格式的立即寻址和寄存器寻址两种寻址方式。
- 32 位机处于保护模式时，汇编语言程序可以使用 AX、AL 这类 16 位或 8 位的通用寄存器，16 位格式的寻址方式也可以采用。
- 在编写 16 位汇编语言程序时，如使用 32 位的寄存器，需要用 ".386" 伪指令指定 80386 指令集。

8.3.2 实模式下编程

例 8.2 在 MASM for Windows 集成环境下，编制虚拟 8086 模式汇编语言程序，实现在屏幕上输出数字 "9"。

程序如下：

```
        .386                    ;伪指令，指明使用 80386 CPU 和指令集
CODES SEGMENT
        ASSUME CS:CODES
START:
        MOV EAX,09H             ;32 位立即寻址方式
        MOV EDX,EAX             ;32 位寄存器寻址方式
        ADD DL,30H
        MOV AH,2
        INT 21H                 ;在屏幕上输出 "9"
        MOV AH,4CH
        INT 21H
CODES ENDS
        END START
```

在集成环境下，程序的运行结果如图 8.12 所示。

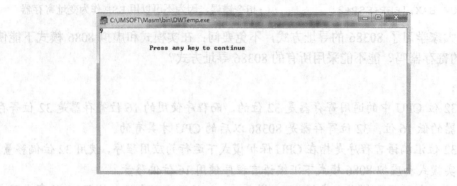

图 8.12　例 8.2 程序运行结果

在 Windows 7 操作系统下，通过"开始"菜单打开"运行"对话框，输入"command"命令，在硬盘中找到与例 8.2 相应的可执行文件（本例为 11.exe）并运行，运行结果如图 8.13 所示。此 V86 模式环境等效于实模式。注意，不要在 Windows 下通过双击可执行文件来运行。

图 8.13　实模式和 V86 模式环境的运行结果

8.4　80386 新增指令

Intel 32 位处理器指令格式如图 8.14 所示。

前缀	操作码	寻址方式	位移量	立即数
0~3 B	1~2 B	0~2 B	0~4 B	0~4 B

图 8.14　Intel 32 位处理器指令格式

80386 指令集中每条指令长度不超过 15 个字节。

80386 指令集向下兼容(包含 8086 指令集),本节将从 32 位寄存器使用的角度出发,介绍一些 80386 较 8086 指令集新增的指令。

1. 数据传送类指令

① MOV DST,SRC 数据传送指令。(在第 3 章寻址方式中已详细介绍,此处从略。)
MOVSX DST,SRC 符号扩展数据传送指令。
DST:REG32;SRC:REG(8)/MEM(8)或 DST:REG32;SRC:REG(16)/MEM(16)。
指令功能:将带符号数先进行符号扩展,再进行传送。

② MOVZX DST,SRC 零扩展数据传送指令。
DST:REG32;SRC:REG(8)/MEM(8)或 DST:REG32;SRC:REG(16)/MEM(16)。
指令功能:将无符号数先进行零扩展,再进行传送。

③ PUSH SRC 压栈指令。
SRC:REG(32)/MEM(32)。
指令功能:将 32 位寄存器或 32 位存储器中的双字压入堆栈栈顶,压栈内容与地址依然遵循高字节高地址、低字节低地址的关系。

④ POP DST 出栈指令。
指令功能:与 PUSH 指令功能相反。

⑤ PUSHAD 保护中断现场指令。
指令功能:把 EAX、ECX、EDX、EBX、ESP、EBP、ESI、EDI 内容依次压入堆栈。

⑥ POPAD 恢复中断现场指令。
指令功能:将栈顶内容依次弹出到 EDI、ESI、EBP、ESP、EBX、EDX、ECX、EAX。

⑦ PUSHD 标志入栈指令。
指令功能:将 32 位标志寄存器内容压入栈顶。

⑧ POPD 标志出栈指令。
指令功能:将栈顶标内容传送到 32 位标志寄存器。

⑨ LEA DST,SRC 地址传送指令。
DST:REG(32),段寄存器除外;SRC:除立即数和寄存器寻址之外的任何一种存储器寻址方式所指明的存储单元偏移地址。
指令功能:将内存单元偏移地址装入 32 位通用寄存器中。

⑩ LFS DST,SRC 传送目标指针指令。
DST:指针寄存器;SRC:只能使用存储器寻址方式。
指令功能:把目标段地址装入 FS。例如,LFS DI DS:[3366H]指令完成把"段地址:偏移地址"装入 FS:DI。

⑪ LGS DST,SRC 传送目标指针指令。
指令功能:同上,将内存单元段地址装入 GS。

⑫ BSWAP REG 字节交换指令。

REG：通用寄存器。

指令功能：交换 32 位寄存器中字节内容的顺序，第 0 与第 3 个字节、第 1 与第 2 个字节进行交换。例如，(EAX)=12345678H，执行 BSWAP EAX 之后，(EAX)=78563412H。

2. 算术运算指令

① CWDE 字转换成双字指令。

指令功能：字转换为双字，将 AX 中字的符号位扩展到 EAX 中的高 16 位。

② CDQ 双字扩展为 4 字指令。

指令功能：双字扩展为 4 字，将 EAX 中字的符号位扩展到 EDX 中。

3. 串操作指令

① MOVSD DST,SRC 双字串传送指令。

DST：在附加段，由 EDI 指明；SRC：在数据段，由 ESI 指明。

指令功能：完成 32 位双字传送。

② LODSD SRC 串载入指令。

指令功能：(EAX)=((DS:[ESI]))。

③ STOSD DSC 串存储指令。

指令功能：((ES:[EDI]))=(EAX)。

4. 控制转移类指令

① JECXZ 段内跳转指令。

指令功能：JECXZ LABEL 指令跳转到段内由 LABEL 指定的地址处。

② LOOP 循环指令。

指令功能：使用 ECX 作为计数器控制循环过程。

5. 位操作指令

① NOT DST 求反指令。

指令功能：将 32 位目的操作数逐位求反后重新赋值。

② AND DST,SRC 逻辑乘指令。

指令功能：将 32 位目的操作数与 32 位源操作数的对应位逻辑与，并将结果赋值给目的操作数。

③ BT DST,SRC 位测试指令。

指令功能：将目的操作数中由源操作数指定的位送入 CF 标志位。例如，BT EAX,5 指令实现将 EAX 中数据的 D_5 位送入 CF 标志位。

④ BTC DST,SRC 位测试并求补指令。

指令功能：将目的操作数中由源操作数指定的位送入 CF 标志位，然后使目的操作数中对应位取反。例如，BTC EAX,5 指令完成把 EAX 中数据的 D_5 位送入 CF 标志位，再把 D_5 位取反。

⑤ BTS DST,SRC 位测试并置位指令。

指令功能：将目的操作数中由源操作数指定的位送入 CF 标志位，然后使目的操作数中对应位置 1。

⑥ BTR DST,SRC 位测试并清零指令。

指令功能：将目的操作数中由源操作数指定的位送入 CF 标志位，然后使目的操作数中对应位清 0。

6. 查表指令

XLAT 查表指令。

指令功能：在使用这条指令前应建立一个字节型表格，并将其首地址（偏移地址部分）存入 EBX，被查表单元距表首地址的位移量存入 AL。执行该指令后，AL 中获得被查找表单元的内容。

7. 输入/输出指令

① IN EAX,DX 端口数据输入指令。

指令功能：将 DX 所指向端口中的双字传送到 EAX 中。

② OUT DX,EAX 端口数据输出指令。

指令功能：将 EAX 中的双字内容传送到由 DX 所指向的端口中。

③ INSD DST,DX 端口数据输入指令。

指令功能：将 DX 所指向端口中的双字传送到附加段中的由目的变址寄存器所指向的存储单元，并根据方向标志和数据类型修改目的变址寄存器的内容。

④ OUTSD DX,SRC 端口数据输出指令。

指令功能：将由源变址寄存器所指向内存中单元中的双字传送到由 DX 所指向的端口中去，并根据方向标志和数据类型修改源变址寄存器的内容。

8.5 保护模式概述

计算机的安全，关键在于地址保护。

在 8086 CPU 时代，计算机系统只能使用 DOS 操作系统，此时处理器只存在一种操作模式（Operation Mode）。由于不存在其他操作模式，因此该种模式也没有被命名。从 80286、80386 开始，处理器增加了另外两种操作模式——保护模式（Protected Mode，PM）和系统管理模式（System Management Mode，SMM），因此，8086 的工作模式才被命名为实地址模式（Real-address Mode，RM），简称实模式。

实模式下，8086 CPU 使用 CS、DS、SS 和 ES 这 4 个 16 位的段寄存器分别与 16 位偏移地址直接形成指令或操作数在存储器中的物理地址，即以"段地址×10H+偏移地址"的方式形成内存单元物理地址。它的最大寻址空间为 1MB。段基址要求是 16 的整数倍，且每段长度不超过 64 KB。

实模式下，内存单元的地址是透明的，不能保证地址隔离。每个地址并没有对应唯一的段地址，如物理地址为 04806H 的内存单元可以被 047C:0046、047D:0036 等逻辑地址访问到。这种缺陷导致本段数据可以被其他段程序访问，本段程序也可以去访问其他段的数据和代码。该模式很容易出现地址越界的情况，如数据段可以对代码段进行修改，这让一些粗心的程序员会犯下不可预知的错误，也会使得一些恶意的程序员强行修改其他程序。

实模式下，段都是可以读、写和可执行的。软件可通过物理地址直接访问 BIOS 程序和外围硬件。

实模式下，处理器没有硬件级的内存保护和多任务的工作模式。

x86 CPU 在开机和复位时都处于实模式。例如，80386 开机时地址线 $A_{20} \sim A_{31}$ 都处于低电平，只有低 20 位地址线有效，并进入实模式。实模式下，物理地址的形成机制同 8086，CPU 可运行 DOS 操作系统管理的可执行文件。之后，系统由 Windows 操作系统启动保护模式。

保护模式是一种复杂的工作模式，是一种具有"保护"功能的 CPU 工作模式。保护模式与实模式最大区别在于物理地址的形成机制不同。理解了 80386 地址的形成机制，就能深刻理解保护模式。

32 位 CPU 地址线扩展成了 32 位，并与数据线宽度一致。因此，32 位计算机不需要采用"物理地址=段:偏移"这种地址形成机制，原来 16 位计算机规定的每一个段不大于 64 KB 也不是必要的。所以，对于 32 位计算机来讲，最简单的方法就是用一个 32 位数来标识一个存储单元地址，寻址时只要给出一个 32 位地址就可以直接找到存储单元。通过后面的学习会知道，这种地址存储模型属于"平展存储模型"。

在保护模式下，80386 CPU 形成物理地址的方法与 8086 截然不同。相对于实模式，保护模式提供了一系列复杂的管理机制，其中最主要的是采用了分段、分页的内存管理模式及中断管理机制。分段和分页的内存管理模式就像加了"保护层"，从而避免了一个进程访问另一个进程，也避免了用户进程访问操作系统空间，这样既可以保护进程本身，又保护了操作系统。80386 段基址是 32 位的，段内偏移地址长度也可达 32 位，这样，每个段可在最大 4 GB 的空间内寻址。

8.6 80386 保护模式下物理地址形成机制

在实模式下存储器寻址时，只要给出逻辑地址，CPU 就会自动把段地址左移 4 位再加上偏移地址,求得操作数的物理地址。

在保护模式下寻址时,仍然要求在程序中指定逻辑地址,只是 CPU 与 Windows 操作系统合作,并采用了一种比较复杂或者说比较间接的方法来求得物理地址。采取该技术的目的是"保护"进程及操作系统,但并未增加编程者的负担。同 8086 编程环境一样,编程人员在保护模式下编程时只需关注偏移地址的使用方法即可。

16 位 CPU 通过段寄存器一步就可以找到段基址,而 32 位 CPU 完成这项工作要分成两步走:先确定选择子;再通过选择子查找段基址。段基址找到后,再加上 32 位偏移地址,就可形成内存单元在分段管理模式下的物理地址。

那么,什么是选择子?它有什么作用?下面就来详细介绍。

8.6.1 选择子与描述符

通过前面的学习,我们知道 80386 CPU 中有 6 个 16 位的段寄存器。除 CS 支持代码段,SS 支持堆栈段外,其他所有段寄存器都支持数据段。

在保护模式下,段寄存器的内容不再是某个段的段地址,而是某个段的"选择子",英文描述为 selector。选择子是段的 16 位标识符。80386 的段寄存器因而也被称为选择器。

选择子(16 位):位移量(32 位)=逻辑地址

选择子的作用是选择段描述符(descriptor)。

每一个程序(数据)段都由相应 8 字节的段描述符来描述。描述符中保存了段的 3 个重要参数:段基址、段限长和段属性。

描述符存放于内存描述符表中。图 8.15 给出一种用户段描述符的结构格式,它在描述符结构中具有代表性。

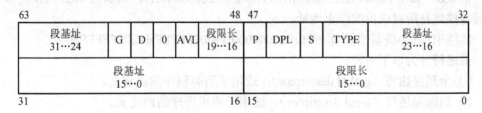

图 8.15 段描述符结构

通过图 8.15,应重点了解以下描述符的结构信息。

① 描述符中给出的段基址为 32 位。描述符结构中,32 位段基址被分割成相互分离的若干部分,以不连续的形式给出。80386 及更高型号 CPU 微机系统中采用 32 位的段基址,并允许段基址可起始于 4 GB 存储器的任何位置,这一点与实模式不同,实模式要段基址是 16 的整数倍。

② TYPE 字段共含有 4 位,说明了段的具体属性。位 0 指示描述符是否被访问过,该位如为 0 表示未被访问,为 1 表示已被访问。当描述符对应的选择子被放入段寄存器

时，操作系统将该位置 1，表明描述符已被访问。位 3 指示该描述符属于数据段还是代码段，如为 0 表示数据段，为 1 表示代码段。TYPE 中其他两位表示是否可读/写等段属性。

③ 段限长指明段的最大允许偏移地址。80386 段描述符结构中给出段限长为 20 位。段限长可以以 1 B（字节）或 4 KB（页）为单位，这取决于粒度位的值。如果以 1 B 为单位，段的长度为 1 B～1 MB；如果以 4 KB 为单位，则段的长度为 4 KB～4 GB。段限长值用来校验偏移地址的合法性。

④ G 位，粒度位。如果 G=0，指示段限长为 20 位，以 1 B 为单位；如果 G=1，指示段限长为 20 位，但以 4 KB 为单位，最大段限长值相当于在 20 位段限长值的后面再补加上 FFFH。

⑤ D 位，存取方式位。D 位决定了指令使用地址及操作数的大小。D=0 表示使用 16 位地址、16/8 位操作数，这样的代码段为 16 位代码段；D=1 表示使用 32 位地址、32/16/8 位操作数。

⑥ 0 位，这一位恒为 0，为 80386 及以后 CPU 保留。

⑦ AVL 位，指示段是否有效。AVL=1 表示段有效；AVL=0 表示段无效。AVL 位只能由系统软件使用。

⑧ P 位，存在位。P=0 表示描述符对地址转换无效，段内容不在内存中，如果使用该描述符将引起异常；P=1 表示描述符对地址转换有效。

⑨ DPL 位，用来指示访问该段的最低优先级，共占 2 位。DPL 位常用于优先级检查，以决定是否能对该段进行访问。

⑩ S 位，描述符类型。S=0 表示此描述符为系统段描述符；S=1 表示该描述符为代码或数据段描述符。

例 8.3 如在 80386 描述符中给出段基址为 20000000H，段限长为 002FFH，且 G=1，请确定描述符所对应段的结束地址。

段结束地址=段基地址+段限长=20000000H+002FFFFFH=202FFFFFH

描述符分为以下两种。

① 全局描述符（global descriptor）：适用于所有程序的段定义。

② 局部描述符（local descriptor）：适用于应用程序的段定义。

将不同程序（或数据）段的描述符在内存中连续排列起来，所形成的表称为描述符表。描述符表由操作系统或系统程序员所建。

由与全局有关的程序（或数据）段描述符组织在一起的表称为全局描述符表（GDT）。一个系统内只有一张 GDT，一台计算机上的所有程序共享一个 GDT。GDT 描述系统段，包括操作系统本身。存放该表在内存中物理地址和表长度的寄存器称为 GDTR。

由不涉及全局的程序（或数据）段描述符所组成的表称为局部描述符表（LDT）。每个应用程序都有自己的 LDT。LDT 局限于描述每个程序的段，包括其代码段、数据段、堆栈段等。LDT 可以有若干张，但同一时刻只有活动任务的 LDT 才有效。

所有中断服务程序的描述符表称中断描述符表（IDT），一个系统也仅有一张 IDT。

GDT 和 LDT 各占 64 KB 内存，分别含 8 K 个描述符。在任意时刻系统可有 16 K 个段描述符。因为一个描述符指明一个存储段，每个存储段空间可达 4 GB，那么 80386 系统可管理存储器空间能够达到 64 TB。

段选择子如何建立与段描述符的对应关系？

在 16 位的段选择子结构（图 8.16）中，高 13 位表示要选择段描述符的索引号。其实，索引号就是描述符在描述符表中的排列序号。

图 8.16 段选择子结构

TI 位指明描述符在 GDT（TI=0）中还是在 LDT（TI=1）中。

RPL 是选择子自身的优先级，被称为请求者的优先级。只有请求者的优先级 RPL 高于或等于相应描述符的优先级 DPL，描述符才能被存取，这可以实现一定程度的保护。

每个段描述符长度为 8 个字节。因此，它在 GDT 或 LDT 中的相对地址可由段选择子的高 13 位值乘以 8 得到。

例 8.4 如果在 GDTR 中指明全局段描述符表的内存首地址为 00040000H，段选择子所指定的描述符索引号为 2，求段描述符的内存地址。

相应的段描述符内存地址是：00040000H +(2×8)= 00040010H。

8.6.2 线性地址的形成

无论是 8086 还是 80386 CPU，逻辑地址都是以"段地址:偏移地址"形式给出的。保护模式下，逻辑地址又称虚拟地址。

与二维逻辑地址不同，线性地址是指一维（空间）地址。

在 80386 的保护模式下，将虚拟地址变换到从 CPU 引脚发出的物理地址，需要经过存储器分段机制和分页机制两级转换。第一级采取分段机制，将虚拟地址转换为线性地址；第二级采取分页机制，将线性地址转化为物理地址。如果第二级的分页机制被禁止，经第一级分段机制转化得到的线性地址就直接作为物理地址。

80386 CPU 32 位线性地址的形成过程如下：

① 在段寄存器中装入 16 位的选择子，同时给出 32 位地址位移量到寻址寄存器（如 ESI、EDI 等）。

② 根据选择子 TI 位的值，选用描述符表寄存器（GDTR 或 LDTR）。

③ 根据描述符表寄存器给出的段地址，确定描述符表的内存首地址。

④ 根据描述符表寄存器中的段限长确定描述符表的内存空间大小。

⑤ 根据选择子的索引号，确定相应描述符在描述符表中的相对位置。

⑥ 比较选择子中给出的指令优先级（RPL）和描述符优先级（DPL）。若允许操作，就取出段描述符并放入 CPU 段描述符高速缓冲寄存器。

⑦ 将描述符中给出的 32 位段基址与寻址寄存器中的 32 位有效地址相加，就形成了 32 位线性地址。

以上操作过程可用图 8.17 表示。

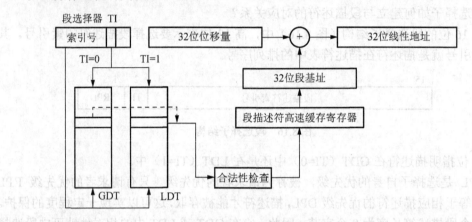

图 8.17 线性地址形成过程

通过了解线性地址的形成过程，我们获知线性地址是逻辑地址到物理地址变换的中间层。线性地址是 32 位的无符号整数，可以用来表示 4 GB 的地址空间。线性地址通常用十六进制数字表示，数值范围为 00000000～0FFFFFFFH。

注意：在不分页的情况下，线性地址就是物理地址。

8.6.3 物理地址的形成

虚拟内存技术就是一种由操作系统接管的按需动态分配内存的方法，它允许程序使用大于实际内存空间的存储空间。其实该技术是将程序需要的存储空间以页的形式分散存储在物理内存和磁盘上。虚拟内存是将系统硬盘空间和系统实际内存联合在一起提供给进程使用，进程就得到了一个比实际内存大得多的虚拟地址空间。

在程序运行时，把虚拟地址空间的一小部分映射到内存，其余都存储在硬盘上。当被访问的虚拟地址不在内存时，则说明该地址未被映射到内存，而是被存储在硬盘中，因此需要将虚拟存储地址调入内存；当系统内存紧张时，也可以把当前不用的虚拟存储空间换出到硬盘。

32 位 CPU 虚拟内存管理是通过分页机制实现的。

在分页机制下，8.6.2 节内容讲到的通过段机制转换得到的地址仅仅是一个中间地址——线性地址。该地址并不是实际的物理地址，而是代表一个进程的虚拟空间地址。欲求得物理地址，还要有一个将虚拟地址转换成物理地址的分页机制来完成。

在保护模式下，CPU 控制寄存器 CR_0 中的最高位 PG 位用来控制分页管理机制是否生效。如果 PG=1，分页机制生效，把线性地址转换为物理地址；如果 PG=0，分页机制无效，线性地址就直接作为物理地址。必须注意，只有处在保护方式下分页机制才能生效，即要求 CR_0 中 PE 位必为 1，否则将引起通用保护故障。

分页机制是把内存分成一个一个连续的页，每页大小为 4 KB。学习分页机制，需首先掌握 4 个概念：页目录表、页目录项、页表以及页面项。下面就来讲解通过分页机制形成物理地址的过程。

- 页目录表：其中包含页目录项。页目录表的长度是 4 KB，存储在一个 4 KB 的页面中。每个页目录项占用 4 个字节，所以页目录表可以包含 1024 个页目录项。
- 页目录项：包含页表的起始地址和有关信息。页目录项结构如图 8.18 所示。

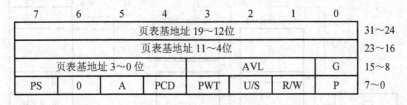

图 8.18　页目录项结构

每个页目录项指向一个页表。页表首地址为 32 位，其中低 12 位总为 0，所以在页目录项中给出页表首地址的高 20 位就可以了。

- 页表：包含页面项。页表长度为 4 KB，存储在一个 4 KB 页面中。每个页面项占用 4 个字节，所以页表可以包含 1 024 个页面项。
- 页面项：包含页面的起始地址和有关信息。页面项结构如图 8.19 所示。

7	6	5	4	3	2	1	0	
页面基地址 19～12位								31～24
页面基地址 11～4位								23～16
页面基地址 3～0 位				AVL			G	15～8
PAT	D	A	PCD	PWT	U/S	R/W	P	7～0

图 8.19　页面项结构

每个页面项指向一个页面，页面首地址为 32 位，低 12 总为 0，高 20 位在页面项结构中给出。因低 12 位地址为 0，所以页面起始地址总是 4 KB 的整数倍。

4 GB 的存储器中只有一个页目录表，它最多有 1 024 个页目录项，每个页目录项又含有 1 024 个页面项，因此，4 GB 的存储器一共可以分成 1 024×1 024=1 MB 个页面，每个页面大小正好为 4 KB。

分页管理机制通过上述页目录表和页表实现 32 位线性地址到 32 位物理地址的转换。

① 将控制寄存器 CR_3 的高 20 位作为 32 位地址的高 20 位，低 12 位地址置为 0，指向页目录表首地址。

② 将线性地址中最高 10 位（即位 22 至位 31）作为页目录项的索引，找到页目录项。

③ 将页目录项中给出的 20 位地址作为 32 位地址的高 20 位，低 12 位置 0，指向页表首地址。

④ 把线性地址的中间 10 位（即位 12 至位 21）作为页面项索引，找到页面项。

⑤ 将页面项中给出的 20 位地址作为 32 位地址的高 20 位，把线性地址的低 12 位不加改变地作为 32 位地址的低 12 位，就得到了 32 位线性地址所对应单元的物理地址。

上述物理地址形成过程可通过图 8.20 展现出来。

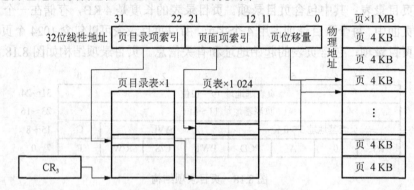

图 8.20　分页机制物理地址形成过程

8.7　中断和异常处理

为增强 80386 CPU 在保护模式下的中断处理能力，引入了"异常"的概念。在保护模式下，80386 的中断机制发生了很大变化，采用中断描述符表替代了 8086 系统的中断向量表，且实模式下的中断调用功能不能够再继续使用。本节简单介绍 80386 保护模式下的中断机制。

1. 中断和异常的概念

8086 CPU 将中断分为内部中断和外部中断两大类。为了支持多任务和虚拟存储器等功能，80386 把外部中断称为"中断"，把内部中断称为"异常"。

与 8086 一样，80386 通常在两条指令之间响应中断或异常。80386 最多可处理 256 种中断或异常。

2. 中断和异常的产生

对于 80386 系统而言，中断是由 CPU 外部硬件引起的。一般情况下，中断产生于 I/O 设备的一次读/写操作后的请求。80386 有两根引脚 INTR 和 NMI 接受外部中断请求信号，INTR 引脚接收可屏蔽中断请求信号，而 NMI 引脚接收不可屏蔽中断请求。

可屏蔽中断请求是否被 CPU 响应取决于标志寄存器中的 IF 标志位设置。

外部硬件在向 CPU 发出可屏蔽中断请求 INTR 信号的同时，还要通过中断控制器 8259A 向处理器发出一个与该中断相对应的中断向量号。

处理器不屏蔽来自 NMI 的中断请求。处理器在响应 NMI 中断时，在 CPU 内部直接产生中断向量号,值为 02H。

异常是 80386 在执行指令期间检测到不正常的或非法的条件所引起的。异常与指令的执行存在直接关系。

3. 异常的种类

根据引起异常的程序是否可被恢复和恢复点不同,把异常进一步分为故障、陷阱和中止。

① 故障,是可被更正的异常,更正后程序继续执行。当故障发生时,处理器会把引起异常指令之前的状态保存起来,异常处理程序能够返回到异常指令处重新执行。

② 陷阱,是异常指令执行后被报告的异常,异常处理程序能够返回到异常指令的下一条指令处继续执行。软中断指令、单步执行都属于陷阱。

③ 中止,是程序不可恢复的异常,并向系统报告发生严重错误。

保护模式异常种类归纳如表 8.1 所示。

表 8.1 保护模式异常种类

向量号	名称	类型	异常源
0	除法出错	故障	DIV,IDIV
1	调试	故障/陷阱	任何代码或数据的引用;INT01H 指令
3	断点	陷阱	INT03H 中断指令
4	溢出	陷阱	INTO 指令
5	超界限	故障	BOUND 指令
6	无效操作码	故障	指令 UD2 或非法指令
7	无协处理器	故障	浮点或 WAIT/FWAITZ 指令
8	双重错误	中止	所有能产生异常的指令
9	协处理器段超越	故障	浮点指令
0AH	无效 TSS	故障	任务交换或访问 TSS 时
0BH	段不存在	故障	加载段寄存器或访问系统段
0CH	堆栈段异常	故障	访问 SS 段寄存器或堆栈操作
0DH	通用保护	故障	任何内存访问和其他保护检查
0EH	页异常	故障	任何内存引用
0FH	80386 保留	无	
10H	协处理器出错	故障	WAIT/FWAIT 指令
11H	对齐检查	故障	内存数据引用
12H	器检查	中止	CPU 类型
13H	浮点异常	故障	浮点运算指令
14H~1FH	Intel 保留		
20H-0FFH	用户定义	中断	外部中断或 INT n 指令

4. 中断异常的优先级

在程序执行期间，如果发生多个中断或异常，系统会先响应优先级最高的中断或异常，低优先级的异常将被丢弃，低优先级的中断会被保持在等待状态。

中断和异常按优先级别从高到低的顺序分别如下：

调试故障→
　　其他故障→
　　　　陷阱指令 INT n、INTO→
　　　　　　调试陷阱→
　　　　　　　　NMI 中断→
　　　　　　　　　　INTR 中断

5. 中断和异常的响应过程

在保护模式下，80386 使用一个内存中的中断描述符表（IDT）和 CPU 内的中断描述符表寄存器（IDTR）将中断或异常转入相应的服务程序。

在中断描述符表中，每个描述符占用 8 个字节。80386 最多有 256 种中断和异常，所以所有 IDT 容量为 2 KB。

80386 CPU 内有一个 48 位的中断描述符表寄存器（IDTR），其中高 32 位指定了 IDT 在内存中的基地址，低 16 位规定了 IDT 的界限。

IDT 内所含的描述符只能是中断门、陷阱门和任务门。在中断门和陷阱门中，规定了服务程序所在段的选择子和段内偏移量。

在保护模式下，80386 只有通过中断门、陷阱门或任务门才能转移到对应的服务程序。利用中断门和陷阱门，转移至同一任务的服务程序，并且可以变换特权级；利用任务门，则引发任务切换，并转移至中断服务任务。

由硬件自动实现的中断或异常的响应过程大致如下：

① CPU 在响应周期内，得到中断或异常的类型号。外部中断类型号由外部硬件提供，内部异常类型号由 CPU 根据异常类型自动提供。

② 判断以中断类型为索引的门描述符是否超出 IDT 的界限。若超出界限，就引起通用保护故障。

③ 以类型号为索引，以 IDTR 内容为基址，从中断描述符表中读取描述符。

④ 以描述符为基础，分情况转入中断或异常服务程序。

80386 通过中断门或陷阱门的响应过程可以通过图 8.21 清晰地反映出来。

80386 通过任务门的响应过程与通过中断门转移的方式并不一致。任务门中的选择子不再是服务程序的段地址，而是指向描述对应服务程序任务状态段（TSS）的描述符。因每个中断服务任务由一个任务状态段（TSS）来描述，这样才会转移到中断服务程序。转移过程如图 8.22 所示。

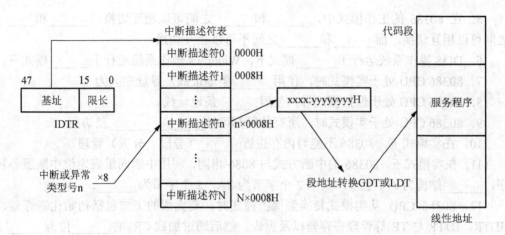

图 8.21　中断门或陷阱门转移过程

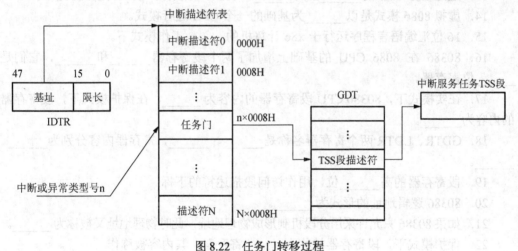

图 8.22　任务门转移过程

习题 8

一、填空题

1. 在 80386 CPU 内部，存储管理部件（MMU）包含_____和_____两部分。
2. 80386 CPU 的数据线有_____条，地址线有_____条，寻址能力达_____B。
3. 80386 CPU 引脚 $\overline{BE_3} \sim \overline{BE_0}$ 的作用是_____。
4. 80386 的 3 种工作模式为_____、_____和_____。当上电初始，它处于_____模式下。

5. 在 80386 的工作模式中，_____和_____之间可以相互切换，_____和_____之间可以相互切换，而_____和_____之间不可以相互切换。

6. DOS 操作系统运行于_____模式下，Windows 操作系统运行于_____模式下。

7. 80386 CPU 处于实模式时，使用_____条地址线，寻址空间为_____。

8. 80386 CPU 处于保护模式时，使用_____条地址线。

9. 80386 CPU 处于实模式时，所有的段都可被_____、_____及访问。

10. 在实模式下，80386 不能对内存进行_____（分段、分页）管理。

11. 在实模式下，80386 的中断方式与 8086 相同，利用中断向量表定位中断服务程序，_____结构为 4 个字节，其中 2 个字节为 SA，2 个字节为_____。

12. 80386 CPU 从实模式转换到保护模式时，要完成的工作包括初始化寄存器、GDTR、IDTR 与 TR 等管理寄存器以及页表，然后通过加载 CR_0 的_____位为_____，转换到保护模式。

13. 通过设置 CR0 的_____位为_____，80386 可从保护模式转换到实模式。

14. 虚拟 8086 模式是以_____为基础的一个 CPU 运行模式。

15. 16 位汇编语言程序运行于 x86 计算机的_____工作模式下。

16. 80386 在 8086 CPU 的基础上增加了两个段寄存器_____和_____，它们是_____位寄存器。

17. 在实模式下，80386 CPU 段寄存器的内容为_____，在保护模式下，段寄存器的内容为_____。

18. GDTR、LDTR 两个寄存器名称是_____、_____，寄存器内容分别为_____、_____。

19. 段寄存器的高_____位，用作访问段描述符的下标。

20. 80386 逻辑地址的形式为_____。

21. 如果 80386 只允许采用分段机制形成物理地址，此时物理地址又被称为_____。

22. 保护模式下，段寄存器被称为_____寄存器，其内容被称作_____。

23. 80386 系统中，全局描述符表（GDT）有_____个。

24. 在保护模式下，80386 存储管理机制包括_____和_____。

二、选择题

1. 80386 CPU 中的通用寄存器包括 EAX、EBX、ECX、EDX、ESP、EBP、ESI 和 EDI。其中（　　）可以作为 32 位、16 位和 8 位寄存器使用。
　　A．EAX、EBX、ECX、EDX、ESP、EBP
　　B．ESP、EBP、ESI、EDI
　　C．EAX、EBX、ECX、EDX
　　D．全部

2. 下面给出的 80386 CPU 引脚中，（　　）是可屏蔽中断输入引脚。
   A. M/$\overline{IO}$ B. INTR   C. NMI   D. RESET
3. V86 模式是指（　　）。
   A. 实模式   B. DOS 模式
   C. 保护模式   D. 保护模式下的虚拟 8086 任务模式
4. 为充分发挥 80386 CPU 的工作性能，其应工作于（　　）。
   A. 实模式   B. 保护模式
   C. 虚拟 8086 模式   D. 混合模式
5. 80386 从实模式切换到保护模式的动作包括打开地址线（　　）和设置控制寄存器 CR_0。
   A. A17   B. A18   C. A19   D. A20
6. 80386 CPU 可直接寻址（　　）。
   A. 1 MB   B. 1 TB   C. 4 GB   D. 64 TB
7. 指令 ADD CX,[ESI+10H]源操作数寻址方式是（　　）。
   A. 相对变址寻址   B. 基址寻址
   C. 变址寻址   D. 基址加变址寻址
8. （　　）指令源操作数采用的是相对基址加变址寻址方式。
   A. MOV EAX,[EBX]   B. MOV EAX,[EBX+90]
   C. MOV EAX,[EBP+4]   D. MOV EAX,[BP+DI+124]
9. （　　）指令源操作数存储在堆栈段。
   A. MOV EAX,[BP+DI]   B. MOV EAX,1234H
   C. MOV EAX,[ECX+4]   D. MOV EAX,FS:[EBX+345H]
10. MOV EBX,[EBP+EBX]指令源操作数引用的段寄存器是（　　）。
    A. SS   B. CS   C. DS   D. GS
11. 能将测试位送入 CF 标志位，并将其取反的位测试指令是（　　）。
    A. BTC   B. BT   C. BTS   D. BTR
12. 通过分页机制，80386 可将 4 GB 的存储器划分为（　　）个页面。
    A. 1 K   B. 1 M   C. 1 G   D. 4 G
13. 80386 系统管理 4 GB 存储器的页目录表有（　　）张。
    A. 1   B. 2   C. 10   D. 1 K

三、简答题

1. 80386 有多少条数据线？多少条地址线？最大寻址范围是多少？
2. 80386 如何对存储器进行分段管理和分页管理？
3. 谈谈逻辑地址、偏移地址、线性地址及物理地址之间的联系与区别。

上机训练 8　建立 Windows 环境下 32 位汇编语言的集成开发环境

一、实验目的

1. 了解 MASM32。
2. 熟悉 MASM32 的安装过程。
3. 掌握 MASM32 的使用方法。

二、实验内容

1. MASM32 介绍。

在 DOS 操作系统下使用的汇编器常选用微软的 MASM 宏汇编器。微软发布的 MASM 系列版本从 6.11 版才开始支持 Windows 编程，6.11 以前的版本都不支持 Windows 编程，只能汇编 DOS 环境下的汇编语言程序。目前微软官方发布的 MASM 最新版本只到 6.15 版。

MASM32 是运行于 Windows 平台的应用程序，集成了 MASM 工具，可以方便地进行 Windows 下汇编语言应用程序开发。

与 MASM 宏汇编器不同，MASM32 是由 MASM 爱好者 Steve Hutchesson 自行整理和编写的一个免费软件包，目前最新版本为 V11.0 版。

MASM32 使用的汇编编译器是 MASM6.0 以上版本中的 Ml.exe，资源编译器是 Microsoft Visual Studio 中的 Rc.exe，32 位连接器是 Microsoft Visual Studio 中的 Link.exe，同时它还包含有其他一些如 Lib.exe 和 DumpPe.exe 等工具软件。

MASM32 下载地址为：http://www.masm32.com/。从该网址可免费下载 MASM32 V11 安装包。

2. MASM32 的安装过程。

先使用解压缩软件解压安装包，得到 install.exe 安装文件，双击运行。在安装过程中，可选择将集成环境安装在 C 盘根目录下。成功安装后，到 C 盘中找到 masm32 文件夹，双击其中的 qeditor.exe 可执行文件，启动 MASM32。启动界面如图 8.23 所示。

安装目录功能介绍如下：

\masm32\include：IDE 环境提供的所有包含文件，即头文件。
\masm32\lib：所有的导入库文件。每个 .lib 文件是对应 DLL 文件的导入库。
\masm32\bin：可执行文件目录。它包含 Ml.exe、Link.exe 和 Rc.exe 等工具。
\masm32\m32.lib：包含一些常用 C 语言子程序的汇编源程序。

第 8 章 80386 汇编语言程序设计基础

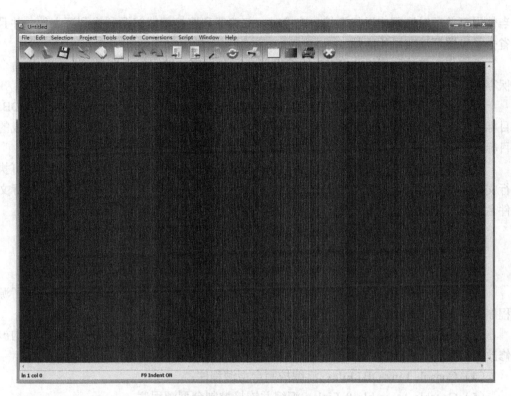

图 8.23 MASM32 启动界面

3．MASM32 的使用方法。

MASM32 既能汇编 16 位的 DOS 源程序，也能汇编 32 位的 Windows 应用程序。汇编器和连接器都在 masm32 文件夹下的"bin"子文件夹中。

下面以汇编 16 位源程序为例，说明 MASM32 命令操作方式的使用方法。

第一步，设置环境变量。为了在其他路径下能够找到 MASM32 的汇编器和连接器，要设置环境变量。在 Windows 7 下，按下面的操作路线找到环境变量设置界面：右击桌面上的"计算机"图标，依次选择"属性"→"高级系统设置"→"高级"选项卡→"环境变量"。设置系统（或用户）环境变量名称为"path"，设置其变量值为"C:\masm32\bin"。

第二步，选择一个磁盘并建立应用程序文件夹，并用记事本等文本编辑器编写 16 位源程序，并保存为.asm 文件。

第三步，在控制台环境中，使用汇编器 ml.exe 和连接器 link16.exe 对源程序进行汇编和连接。

第四步，在控制台环境中运行生成的可执行文件。

下面以汇编 Win32 源程序为例，说明 MASM32 菜单的使用方法。

第一步，在 C 盘根目录（或 C:\masm32 目录）下建立一个文件夹，用于放置源程序文件。这样设置程序文件夹路径的原因是，我们已把 MASM32 集成环境安装到了 C 盘，当使用菜单项对源程序进行汇编、连接时，汇编器和连接器能够顺利找到源文件，并且省去了设置环境变量的麻烦。

第二步，直接利用 MASM32 的编辑器编写源程序，编写好后选择 File→Save 命令保存源文件。注意源文件扩展名要使用.ASM。

第三步，汇编源程序。选择 Project→Assemble ASM file 命令汇编源程序并生成.OBJ 目标文件。在此过程中系统会打开一个 DOS 窗口，给出错误信息或汇编成功后生成的目标文件名。MASM32 集成环境会将目标文件自动保存在源程序所在的文件夹下。

第四步，连接目标文件。选择 Project→Link OBJ file 命令连接目标文件并生成可执行文件。这时系统会打开一个 DOS 窗口，给出错误信息或连接成功后生成的可执行文件名。MASM32 集成环境会将生成的可执行文件自动保存在源程序所在的文件夹下。

第五步，运行生成的可执行文件。选择 Project→Run program 命令即可。

4．熟悉 Project 菜单中其他命令的功能。

（1）Compile Resource File：编译资源文件。

（2）Assemble & Link：对源程序汇编并连接。适用于资源文件未修改，但修改了源程序的情况。

（3）Build All：编译资源文件，汇编源程序并连接。适用于资源文件和源程序均被修改的情况。

（4）Console Link OBJ File：汇编控制台型源程序。

（5）Console Assemble & Link：汇编并连接控制台型源程序。

（6）Console Build All：直接生成控制台可执行程序。

第 9 章 80386 保护模式下的程序设计

Windows 下汇编语言编程分为两种，一种是控制台编程，另一种是图形界面编程。控制台编程相对简单些。本章将从简单的窗口程序入手，逐步深入地介绍 Windows 环境下应用程序设计的基本方法和技巧。

9.1 一个简单的编程实例

将 MASM32 集成环境安装于 C 盘，并在 C 盘根目录下建立一个名为 Application 的文件夹，用来存放自己编写的程序。

例 9.1 在 MASM32 快速编辑器中输入下面的简单源程序代码。

```
.386            ;伪指令，表示使用 80386 指令集，这是 Win32 汇编编程的最低要求
.model flat,stdcall
option casemap:none
include \masm32\include\windows.inc
include \masm32\include\user32.inc
include \masm32\include\kernel32.inc
includelib \masm32\lib\user32.lib
includelib \masm32\lib\kernel32.lib
.data
szCaption db 'The first example',0           ;消息窗标题
szText    db 'Hello,classmates!',0           ;消息窗内容
.code
start:
invoke MessageBox,NULL,offset szText,offset szCaption,MB_OK
invoke ExitProcess,NULL
end start
```

将源文件保存于 Application 文件夹中，扩展名为.asm。使用 MASM32 的 Project 菜单命令对源程序文件依次进行汇编、连接和运行。运行结果如图 9.1 所示。可以看到，运行结果有消息窗口出现，并在窗口显示内容"Hello,classmates!"。具有窗口是 Windows 环境下应用程序的最大特征。

再回头看看源程序，程序的整体结构是不是既熟悉又陌生？

.data 后面是数据段。

图 9.1 例 9.1 程序运行结果

.code 后面是代码段。

end start 给出了程序入口。

上面的内容大家基本上能够知道它们的含义与作用。但对.model、include、invoke 等指令及 MessageBox 等函数内容就比较陌生了。以后各节将对它们的功能加以介绍。

9.2 Win32 API 概述

Win32 环境下，所有的软、硬件资源对应用程序来说都是被保护的，这些资源包括输入/输出接口设备、应用程序及操作系统本身。如果想使用计算机的输入/输出设备来交互信息，就不得不利用 Windows 提供的 API 函数。本节将结合上节例题来学习 API 函数。

API 是英文 Application Programming Interface 的缩写，中文含义是应用程序编程接口。

32 位 Windows 操作系统除了具有协调调度应用程序的执行、内存分配、系统资源管理等功能外，也为用户应用程序提供了各种服务，包括系统服务、窗口管理、描绘图形及多媒体等功能。前面提到的服务功能是通过用 C 语言编写的一组函数来实现的。这些服务函数能被应用程序调用，从而成为操作系统与应用程序间的接口，这些函数简称为 Win32 API 函数。在 Windows 环境下，API 函数已经替代了 DOS 系统中断服务子程序所提供的系统功能。

1. Win32 API 函数的存放位置

Win32 API 函数代码被封装在动态链接库 DLL 中，核心由 3 个动态链接库组成，分别如下：

kernel32.dll：系统服务。包括内存管理、任务管理和文件操作等功能。
user32.dll：用户接口服务。包括建立窗口和传送消息等功能。
gdi32.dll：图形设备接口。包括画图和显示文本等功能。

这 3 个模块保存在 C:\Windows\System32 目录下。

例 9.1 中出现的两个 API 函数：MessageBox 函数被封装在 user32.dll 中；ExitProcess 函数被封装在 kernel32.dll 中。

2. 调用 Win32 API 函数的过程

出现在 MessageBox 函数中的像 NULL、MB_OK 都是常量。windows.inc 包含文件

包含了所有资料形态、数据结构及常数等的定义。须用 include 伪指令将这些常量和结构的定义插入源程序中的指定位置。

```
include \masm32\include\windows.inc
```

特别要注意，使用 windows.inc 包含文件，则必须使用 option casemap:none 语句，它告诉汇编器函数名称、参数名称等要区分大小写。

API 函数的调用首先需要对函数进行声明。声明的作用是告诉编译器有关函数的信息，包括函数返回值类型、函数名、函数参数的个数及类型等信息。windows.inc 中并不包含函数原型的声明，还要从其他的包含文件中得到函数原型的声明。例如，MessageBox 函数的声明包含在 user32.inc 文件中，而 ExitProcess 函数的声明包含在 kernel32.inc 文件中。因此要用 include 指令将两函数声明插入源程序中。

```
include \masm32\include\user32.inc
include \masm32\include\kernel32.inc
```

API 函数的调用，除了对函数进行声明外，还要指出函数所在的位置，这就需要提供与动态链接库相对应的引入库（LIB）文件。

引入库文件包含动态链接库函数的地址信息和静态库函数的代码。对应动态链接库函数调用而言，程序在连接阶段，只使用 includelib 伪指令复制函数地址信息，函数代码和数据并不复制到可执行文件中。当应用程序运行时，才访问并加载动态链接库中的函数代码。

例 9.1 中引入库内容的复制采用两条伪指令语句来实现。

```
includelib \masm32\lib\user32.lib
includelib \masm32\lib\kernel32.lib
```

9.3 常用简化段定义伪指令

首先介绍简化段定义格式中所使用的伪指令。

1. .model

存储模式定义伪指令。简化段定义必须使用该指令，并且要位于所有段定义语句之前，格式如下：

.model 存储模式 [,调用模式][,其他模式]

存储模式有 7 种，分别如下：

tiny：所有的段寄存器都被设置为同一个值，即代码、数据和堆栈段都在一个段内，段空间不大于 64KB，访问操作数和指令使用 16 位的偏移地址。此模式用来建立.com

文件。

　　small：只能有一个代码段和一个数据段，每段空间不大于 64 KB。这里数据段指数据段、堆栈段和附加段的总和。此模式用来建立.EXE 文件。

　　compact：只有一个 64 KB 的代码段，可以有多个 64 KB 的数据段。

　　medium：可以有多个 64 KB 的代码段，一个 64 KB 的数据段。

　　large：可以有多个 64 KB 的代码段和数据段。

　　huge：与 large 模式基本相同，静态数据可超过 64 KB。

　　flat：用于创建一个 32 位的程序，它只能运行在 32 位 x86 CPU 上。代码和数据同用 4 GB 的段。此模式要求在.model 语句前使用.386 语句指明采用的指令集。

　　在 Win32 汇编中，.model 语句还应该指定调用模式，即子程序调用方式，例 9.1 中用的是 stdcall，它指出调用子程序或 Win32 API 时利用堆栈传递参数的次序，即由右至左入栈。Windows API 调用使用的是 stdcall 格式，所以必须在.model 语句中须加上 stdcall 参数。

　　2．.data

　　段定义伪指令，表示数据段的开始。

　　3．.code

　　段定义伪指令，表示代码段的开始。一个段的开始，将自动结束前面的一个段。

　　4．.stack

　　段定义伪指令，表示堆栈段的开始。
　　指令格式：

```
.stack [字节数]
```

　　指令功能：.stack 创建一个堆栈段，使用参数选项可设定堆栈空间所占的字节数，默认值是 1 KB。

　　Win32 汇编一般不必考虑堆栈，系统会为程序分配一个向下扩展、足够大的空间作为堆栈区，所以.stack 段定义常常被忽略。

　　5．end

　　汇编结束伪指令。
　　指令格式：

```
end [标号]
```

　　指令功能：end 伪指令指示汇编程序 MASM32 结束汇编过程。源程序的最后必须有一条 end 语句，可选的标号用于指定应用程序的入口。

注意：完整段定义格式中，程序各段存储顺序在默认情况下是按照源程序各段书写顺序存储的；采用.model 伪指令进行简化段定义时，程序各段存储顺序是固定的，即按照代码段、数据段、堆栈段的顺序存储。

最后介绍函数或过程调用伪指令 invoke。

指令格式：

  invoke 函数名 [,参数 1][,参数 2]…[,参数 n]

指令功能：invoke 伪指令能够有效地减少 API 函数调用时发生的错误。在程序编译时，由编译器将该指令展开成相应的 push 指令和 call 指令。该指令还能对函数参数进行检查，如果函数参数数量与声明中的数量不符，编译器会报错。

9.4　Win32 汇编语言程序结构

Windows 环境下的汇编语言程序结构常采用简化段定义格式。

简化段定义格式紧凑，用.code、.data、.stack 等伪指令分别代表代码段、数据段和堆栈段的开始，一个段的开始将自动结束前面的一个段。在此格式中，段定义指令之前必须定义程序存储模式。

简化段定义格式如下：

```
;分号是单行注释
.386
.model flat,stdcall
option casemap:none
;>>>>>>>>>>>>>>>>>>>>>>>>>>>>>>>>>>>>>>>>>>>>>>>>>>>>>>>>>>>>>>>>>>
;包含头文件和导入库文件（根据引用的 API 函数情况而定）
;>>>>>>>>>>>>>>>>>>>>>>>>>>>>>>>>>>>>>>>>>>>>>>>>>>>>>>>>>>>>>>>>>>
include        windows.inc
include        gdi32.inc
includelib     gdi32.lib
include        kernel32.inc
includelib     kernel32.lib
include        user32.inc
includelib     user32.lib
;>>>>>>>>>>>>>>>>>>>>>>>>>>>>>>>>>>>>>>>>>>>>>>>>>>>>>>>>>>>>>>>>>>
;数据段（全局变量段）
;>>>>>>>>>>>>>>>>>>>>>>>>>>>>>>>>>>>>>>>>>>>>>>>>>>>>>>>>>>>>>>>>>>
```

```
            .data
    ;>>>>>>>>>>>>>>>>>>>>>>>>>>>>>>>>>>>>>>>>>>>>>>>>>>>>>>>>>
    变量定义
    ;>>>>>>>>>>>>>>>>>>>>>>>>>>>>>>>>>>>>>>>>>>>>>>>>>>>>>>>>>
;代码段
;>>>>>>>>>>>>>>>>>>>>>>>>>>>>>>>>>>>>>>>>>>>>>>>>>>>>>>>>>>>>>
            .code
start:
    ;>>>>>>>>>>>>>>>>>>>>>>>>>>>>>>>>>>>>>>>>>>>>>>>>>>>>>>>>>
    代码操作部分
    invoke ExitProcess,NULL
    ;>>>>>>>>>>>>>>>>>>>>>>>>>>>>>>>>>>>>>>>>>>>>>>>>>>>>>>>>>
;结束汇编并指明程序入口
;>>>>>>>>>>>>>>>>>>>>>>>>>>>>>>>>>>>>>>>>>>>>>>>>>>>>>>>>>>>>>
            end start
```

在 Windows 系统中，每个应用程序将 4 GB 的线性空间全部作为一个段，代码段、数据段和堆栈段占用同一空间。在 4 GB 的地址空间中，一部分作为代码区，一部分作为数据区，一部分作为堆栈区，还有一部分被操作系统占用。代码、数据和堆栈区块相互独立。

在应用程序运行之前，Windows 操作系统预先为它的代码段、数据段和堆栈段准备好描述符，在描述符中规定这些段的段基址都是 0，段界限都是 FFFFFFFFH，而且将 CS、DS、SS 和 ES 存放选择子并正确指向描述符。因用户在程序运行前后都不能修改段寄存器的值，所以在编程时只关注偏移地址就可以了。

9.5 结果输出程序举例

输入/输出是程序设计的重要组成部分。本节介绍一个利用消息窗口输出程序结果的实例。

例 9.2 利用消息窗口，将 32 位二进制的程序结果以十六进制形式输出。

在 MASM32 编辑器中编写程序代码如下：

```
.386
.model flat,stdcall
option casemap:none
include \masm32\include\windows.inc
include \masm32\include\user32.inc
```

```
            include  \masm32\include\kernel32.inc
            includelib \masm32\lib\user32.lib
            includelib \masm32\lib\kernel32.lib
            .data
            szCaption   db '2 TO 16',0
            szText      db 8 dup(0),0      ;定义输出串
            data1    dword 123abc28h       ;自定义数据
            .code
    start:
            mov ebx,offset data1           ;将数据存入 edx
            mov edx,[ebx]
            mov ebx,offset szText          ;将 ebx 指向输出地址
            mov ecx,4                      ;控制循环次数

    ar1:    mov eax,edx
            push ecx                       ;将循环次数值入栈保护
            mov ah,al                      ;先转换低 8 位中的高 4 位
            mov cl,4
            ror al,cl
            and al,0fh
            cmp al,9
            jbe ar2
            add al,7
    ar2:    add al,30h
            mov [ebx],al
            mov al,ah                      ;再转换低 8 位中的低 4 位
            and al,0fh
            cmp al,9
            jbe ar3
            add al,7
    ar3:    add al,30h
            add ebx,1
            mov [ebx],al

            add cl,4                       ;将 edx 内容循环右移 8 位
            ror edx,cl

            add ebx,1                      ;地址调整
            pop ecx                        ;循环次数出栈
            loop ar1
```

图9.2 例9.2程序运行结果

```
        invoke MessageBox,NULL,offset szText,
offset szCaption,MB_OK
        invoke ExitProcess,NULL
        end start
```

从源程序中可以看到,Win32环境汇编编程对16位汇编语言指令兼容性较好。但要注意的是,32位的偏移地址要选用32位的寄存器,如程序中就选用了ebx。程序运行结果如图9.2所示。

9.6 控制台输出

所谓控制台,就是一个用来提供字符模式的I/O接口。当在Windows的"运行"对话框中输入cmd命令之后,会出现一个类似于DOS运行环境的窗口,这就是控制台窗口。

控制台应用程序,简称控制台程序,通常被设计成没有图形用户界面,并从控制台的命令行开始运行。

注意:32位控制台程序和16位DOS程序运行环境很相像,然而,它却是运行在32位保护模式之下的。

下面再介绍控制台程序设计中涉及的一个重要概念——句柄。

句柄是一个32位无符号数,用来标识应用程序中唯一确定的对象,如一个窗口、按钮、图标、滚动条、输入/输出设备或文件等。

利用控制台可实现数据的输入/输出,达到人机交互的目的。本节介绍两种利用控制台输出数据的编程方法。

1. 使用MASM32集成环境提供的StdOut函数实现控制台输出

在MASM32中StdOut函数的源程序文件位于\masm32\m32lib目录下。与该函数相对应的包含文件masm32.inc和导入库文件masm32.lib也保存在该目录下。

例9.3 利用MASM32提供的StdOut函数实现字符串控制台输出。

程序如下:

```
        .386
        .model flat,stdcall
        option casemap:none

        include \masm32\include\windows.inc
        include \masm32\m32lib\masm32.inc  ;头文件位于\masm32\m32lib目录下
```

```
        includelib \masm32\m32lib\masm32.lib
        include \masm32\include\kernel32.inc
        includelib \masm32\lib\kernel32.lib

        .data
        szText db 'hello classmates',0     ;定义输出串

        .code
start:
        invoke StdOut,offset szText        ;带参数的 StdOut 函数
        invoke ExitProcess,NULL
        end start
```

源程序经编译和控制台形式的连接后，形成的可执行文件只能在控制台窗口以命令行状态执行。程序运行结果如图 9.3 所示。

图 9.3 例 9.3 控制台程序运行结果

2. 利用控制台 API 函数实现

先介绍该方法用到的两个控制台 API 函数。

① GetStdHandle：控制台获取句柄函数，用于获取标准输入、输出或错误设备的句柄，也就是屏幕缓冲区的句柄。

GetStdHandle 函数原型（汇编中的函数声明）如下：

```
    GetStdHandle PROTO,    ;PROTO 是函数声明伪指令，它是由 MASM32 为调用高级语言
                           ;API 而引入的
    nStdHandle:DWORD       ;入口参数
```

函数原型中，nStdHandle 为入口参数，其值为下面常量句柄中的一种。

STD_INTPUT_HANDLE：标准输入句柄，值为-10。
STD_OUTPUT_HANDLE：标准输出句柄，值为-11。

STD_ERR0R_HANDLE：标准错误输出句柄，值为-12。

函数返回值：EAX=输入、输出或错误输出标准设备句柄。

② WriteConsole：控制台输出函数，用于从光标位置向控制台屏幕缓冲区输出字符串。

WriteConsole 函数原型如下：

```
WriteConsole PROTO,
Handle:DWORD,          ;标准输出句柄
lpBuffer:DWORD,        ;输出缓冲区字符串指针
bufSize:DWORD,         ;输出缓冲区字符数
lpCount:DWORD,         ;出口参数,指向变量的指针,变量用来存放实际输出字符数
lpReserved:DWORD       ;保留参数,值必须为 NULL(0)
```

函数返回值：函数调用成功，返回值为非 0；函数调用失败，返回值为 0。

控制台输出的第二种实现方法分为两个步骤。

第一步，获取输出标准设备的句柄。

第二步，向控制台屏幕缓冲区输出字符串。

例 9.4 利用 API 函数实现控制台字符串输出。

程序如下：

```
            .386
            .model flat,stdcall
            option casemap:none

            include \masm32\include\windows.inc
            include \masm32\include\kernel32.inc
            includelib \masm32\lib\kernel32.lib

            .data
            szText db 'hello,classmates',0
            Handle dd 0                    ;数据类型为 DWORD
            bufSize dd 0

            .code
    start:
            invoke GetStdHandle,STD_OUTPUT_HANDLE
            mov Handle,eax
            invoke lstrlen,offset szText   ;lstrlen 为字符串长度测试函数,返回值
                                           ;在 eax 中
            mov bufSize,eax
```

```
        invoke WriteConsole,Handle,offset szText,bufSize,NULL,NULL
                              ;最后两指针
                              ;未用
        invoke ExitProcess,NULL
        end start
```

控制台函数存放于 kernel32.dll 动态链接库中，例 9.4 只使用了 kernel32.lib 导入库文件。

9.7 控制台输入

1. 字符串输入

从控制台输入字符串可分两个步骤实现。

第一步，使用 GetStdHandle 函数获取控制台输入句柄。

注意此时的参数值为 STD_INPUT_HANDLE。

第二步，使用控制台字符串输入函数完成输入工作。

ReadConsole 函数的作用是将文本输入读取到缓冲区中，函数原型如下：

```
        ReadConsole PROTO,
        Handle:DWORD,        ;标准输入句柄
        LpBuffer:DWORD,      ;从控制台缓冲区接收数据的缓冲区指针
        maxBytes:DWORD,      ;要读取的字符数
        lpBytesRead:DWORD,   ;指向实际读取字符数的指针
        lpReserved:DWORD     ;指向 CONSOLE_READCONSOLE_CONTROL 结构，值可为 NULL
```

返回值：函数读取成功，返回值为非 0；函数读取失败，返回值为 0。

接下来要完成一项任务，即从控制台输入字符串并在控制台上回显。大家马上会想到一个问题，那就是输入需要一个控制台，输出需要另一个控制台，是不是完成这项任务共需要两个控制台窗口呢？

其实，可以在一个控制台窗口下完成这项任务，原因是在操作系统管理下的控制台窗口具有继承性。

例 9.5 从控制台输入字符串并回显。

程序如下：

```
        .386
        .model flat,stdcall
        option casemap:none

        include \masm32\include\windows.inc
```

```
        include \masm32\include\kernel32.inc
        includelib \masm32\lib\kernel32.lib

        .data
        Handlein dd 0                      ;标准输入句柄
        Handleout dd 0                     ;标准输出句柄
        sBuffer db 100 dup(0)              ;输入字符缓冲区
        innumber dd 0                      ;实际输入字符数

        outnumber dd 0                     ;实际输出字符数

        .code
start:
        invoke GetStdHandle,STD_INPUT_HANDLE
        mov Handlein,eax                   ;保存输入句柄
        invoke GetStdHandle,STD_OUTPUT_HANDLE
        mov Handleout,eax                  ;保存输出句柄
        invoke ReadConsole,Handlein,offset sBuffer,255,offset innumber,NULL
        ;等待输入,按回车键完成字符串的输入
        invoke lstrlen,offset sBuffer
        sub eax,2                          ;输入字符串含回车和换行符,现去掉
        mov outnumber,eax
        ;SetConsoleTextAttribute 为控制台文本颜色设置函数
        invoke SetConsoleTextAttribute,Handleout,FOREGROUND_GREEN
        invoke WriteConsole,Handleout,offset sBuffer,outnumber,NULL,NULL
        invoke ExitProcess,NULL
        end start
```

程序在控制台的运行结果如图 9.4 所示。

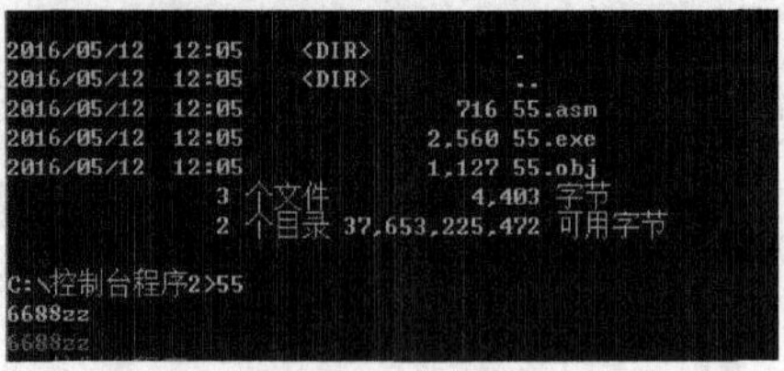

图 9.4　例 9.5 程序运行结果

在程序中使用了控制台文本颜色设置函数 SetConsoleTextAttribute，该函数引用格式如下：

```
SetConsoleTextAttribute,hConsoleHandle(dw),Color(dw)
```

参数 hConsoleHandle 为需要设置输出的句柄。Color 参数取值可为 FOREGROUND_RED、FOREGROUND_GREEN、FOREGROUND_BLUE 等，表示设置字符前景色为红、绿、蓝。

注意：在源程序中，要先设置字符颜色再输出字符串。

2. 单字符输入

在控制台默认模式下，ReadConsole 函数能够实现字符串输入，并以回车键结束。但如果只需完成单字符输入，则必须改变输入模式。

从控制台输入单字符可用以下 4 步来实现。

第一步，使用 GetConsoleMode 函数获取当前控制台模式，并将其保存到一个变量中。

第二步，使用 SetConsoleMode 函数设置控制台为单字符输入模式。

第三步，使用 ReadConsole 函数读取单个字符。

第四步，使用 SetConsoleMode 函数恢复控制台原模式。

GetConsoleMode 函数原型如下：

```
GetConsoleMode PROTO,
    hConsoleHandle:DWORD,    ;输入或输出句柄实例
    lpMode:DWORD             ;变量指针，该变量用来保存原模式值
```

SetConsoleMode 函数原型如下：

```
SetConsoleMode PROTO,
    hConsoleHandle:DWORD,    ;输入或输出句柄实例
    dwMode:DWORD             ;如为 0，表示设置为单字符输入模式；如为变量名，
                             ;表示设置为变量中已保存的模式
```

例 9.6 实现单个字符输入并回显。

程序如下：

```
    .386
    .model flat,stdcall
    option casemap:none

    include \masm32\include\windows.inc
    include \masm32\include\kernel32.inc
    includelib \masm32\lib\kernel32.lib

    .data
    sthandle1 dd 0
```

```
        sthandle2 dd 0
        savemode  dd 0
        buffer    dd 0
        realbyteN dd 0

        .code
start:
        invoke GetStdHandle,STD_INPUT_HANDLE
        mov sthandle1,eax
        invoke GetStdHandle,STD_OUTPUT_HANDLE
        mov sthandle2,eax
        invoke GetConsoleMode,sthandle1,offset savemode   ;获取当前模式
        invoke SetConsoleMode,sthandle1,0                 ;设置单字符输入模式
        invoke ReadConsole,sthandle1,offset buffer,1,offset realbyteN,NULL
                                                          ;等待单个字符输入
        invoke SetConsoleMode,sthandle1,savemode          ;恢复原模式
        invoke SetConsoleTextAttribute,sthandle2,FOREGROUND_GREEN\
        OR BACKGROUND_INTENSITY                           ;背景加亮显示
        invoke WriteConsole,sthandle2,offset buffer,1,NULL,NULL
        invoke ExitProcess,NULL
        end start
```

程序运行时，单个字符输入后不用回车就马上回显。运行结果如图9.5所示。

图9.5 例9.6程序运行结果

习题 9

一、填空题

1. 如果把MASM32汇编语言集成开发环境安装于D盘，则源程序文件夹应该保存于_____盘根目录下才能被正常编译和连接。

2. API函数代码被封装在_____中。

3. 动态链接库文件的扩展名是_____，保存在Windows的_____文件夹下。

4. MessageBox 函数被封装在_____动态链接库中。
5. Windows 操作系统提供给用户使用的 3 个重要动态链接库分别是_____、_____和_____。
6. 如果在 32 位汇编语言源程序中使用了 windows.inc 包含文件，在该指令前必须有_____伪指令。
7. 导入库的扩展名是_____，作用是_____。
8. 读控制台函数的英文名称是_____。
9. WriteConsole 函数的第一个参数是_____，第二个参数是_____。

二、选择题

1. Windows 可执行文件在（　　）时才包含动态链接库代码。
   A. 编译　　　　B. 连接　　　　C. 存储　　　　D. 运行
2. 获得句柄函数 GetStdHandle 使用（　　）寄存器提供返回值。
   A. EAX　　　　B. EBX　　　　C. ECX　　　　D. EDX
3. 控制台程序工作在（　　）下。
   A. 实模式　　　B. 图形模式　　C. 保护模式　　D. 动态模式
4. 关于句柄描述正确的是（　　）。
   A. 是一个 30 位整数，代表对象的地址
   B. 是一个 30 位整数，代表对象的标识
   C. 是一个 32 位整数，代表对象的地址
   D. 是一个 32 位整数，代表对象的标识

上机训练 9　利用 MASM32 集成开发工具编写 32 位汇编语言程序

一、实验目的

1. 进一步熟悉 MASM32 集成开发工具的使用方法。
2. 熟练掌握 32 位汇编语言程序结构。
3. 掌握使用消息窗口的编程方法。
4. 熟练掌握控制台编程方法。

二、实验内容

1. 将 EAX、EBX 寄存器存放的二进制数相加，和存放于内存单元。
2. 将结果在消息窗口输出。
3. 将结果在控制台窗口输出。

参 考 文 献

李忠，王晓波，余洁. 2013. x86 汇编语言：从实模式到保护模式[M]. 北京：电子工业出版社.
罗云彬. 2009. Windows 环境下 32 位汇编语言程序设计[M]. 北京：电子工业出版社.
钱晓捷. 2011. 32 位汇编语言程序设计[M]. 北京：机械工业出版社.
王爽. 2013. 汇编语言[M]. 3 版. 北京：清华大学出版社.
杨文显. 2010. 现代微型计算机原理与接口技术[M]. 北京：人民邮电出版社.
郑晓薇. 2009. 汇编语言[M]. 北京：机械工业出版社.